企画編集
日本いも類研究会
「焼きいも研究チーム」

農文協

はじめに

わが国には江戸時代のむかしから焼きいもファンがいっぱいいました。それは老若・男女・貧富・貴賤を問わず、誰からも好まれ愛されつづけてきた国民的な食べものの一つだったからです。そして今も、焼きいも用などのサツマイモの特産地が全国各地にあり、激しい産地間競争を繰り広げています。また、サツマイモの品種改良事業や貯蔵庫の研究開発なども盛んにおこなわれています。そこでそれらの関係者がときどき一堂に集まり、情報交換ができるところが欲しいなあという有志の願いから、一九九七（平成九）年に誕生したのが「日本いも類研究会」です。

二〇一一年秋に研究会の事業の一つとして、埼玉県坂戸市にある女子栄養大学坂戸キャンパスで「第一回国際焼き芋交流フォーラム」を開くことができました。といってもそのような試みはわが国でも初めてのことだったので、実行委員たちの気苦労は大変なものでした。しかし「案ずるよりは産むが易い」で、わが国の関係者だけでなく、外国の人たちも心よく参加してくれました。そして誰もが口ぐちに焼きいもについての思いや、明るい将来の見通しなどを語ってくれました。世の中には焼きいもと深くかかわっている人がこんなにもたくさんいたのかと、主催者側はびっくりしました。その企画から開催までを抜群の行動力でリードした幹事の一人、山田英次さんはその熱気を広く世間に伝えなければならないと感じ、そのための焼きいもの本の出版を提案しました。フォーラム開催でできた強い焼きいも人脈を生かせば、類書のない画期的な本ができると確信したのです。

早速に編集委員会を発足させ、どのような内容にするか関係者と二年間にわたり協議をすすめてきました。焼きいもの魅力を、誰にでも楽しくかつ実用的に伝えたい。そのためには、今さら人に聞けないこともできるだけわかりやすく解説しよう。たとえば、「焼きいもの食べごろはいつなのか?」「焼きいもを食べると便通は良くなるが、オナラもでる。どうしてそうなるのか?」「焼きいもが体に良いことはわかるが、それを毎日、どれぐらい食べたら良いのか?」「蒸しいもと焼きいもとでは栄養学からみた場合、違いがあるのか?」「一昔前の焼きいもは引き売りの石焼きいもだった。それが消えつつあり、最近の主流はスーパー・マーケットなどの店内に設置された電気式自動焼きいも機による一本いくらの均一低価格になっている。なぜそうなったのか?」…このような疑問をあげていけばきりがありませんが、そのいくつかがわかっただけでも、とても得をした気持ちになれるはずです。

本書により、ますます焼きいもが好きになってくれる人びとが増えることを願っています。そして、いつかはYAKIIMOを世界語の一つにしたいものですね。焼きいも機や冷凍焼きいもなどの良いものがある今日この頃のことです。その輸出も可能なのですから。

平成二六年一〇月一三日　サツマイモの日に

日本いも類研究会会長　**井上　浩**

もくじ

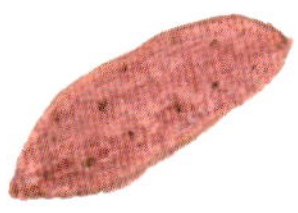

第5章 もっと楽しむ焼きいも［応用］

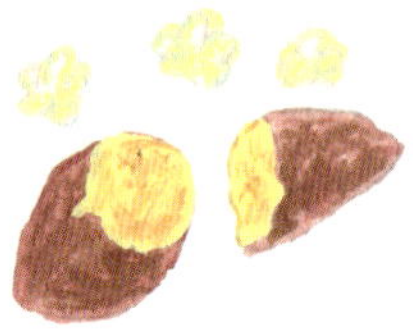

第1章

いま焼きいもが新しい

江戸時代に庶民のおやつとして
生まれた焼きいもは、
今も変わらず愛される
『日本人のソウルフード』。
21世紀の焼きいもはさらに進化して、
楽しみ方もたくさん増えています。

VOL.1

女子栄養大学准教授
香川雅春さん
みかさん
和哉くん

焼きいも大好き!

私の焼きいも体験

香川雅春さんとみかさん、2歳になった和哉くん。親子そろって焼きいもが大好き!

妊娠中から離乳食まで大活躍!

香川雅春さんの祖母は、女子栄養大学の創設者である香川綾さん。「10歳まで同居していたので、祖母が大好きだった焼きいもをいっしょに食べた記憶が残っています」と話す香川さんは、今も変わらず大好物という『焼きいも男子』。奥様のみかさんも子ども時代は祖母の畑でサツマイモの収穫を行うのを毎年心待ちにして、焼きいもや蒸しいもで食べるのが楽しみだったとか。

そんな2人のDNAを受け継ぐ和哉くんも、焼きいもを見た瞬間に満面の笑顔になり、あっという間に1本ペロリ。「焼きいも好きなのはお腹にいるころから。妊娠中に食事がのどを通らない時でも、焼きいもだけはすんなりと食べられました。素朴な味がよかったみたいです」と、みかさん。妊娠中はオーブンで大量に焼きいもを作って冷凍庫にいつもストックしていたそう。

さらに焼きいもは離乳食でも大活躍。

今日の焼きいもは茨城県産の「べにはるか」。甘く、ねっとりとした味わい

みかさんの

おすすめレシピ

焼きいもクリーミーサラダ

とってもカンタン

作り方（2人分）

皮をとりのぞいた焼きいも200gを軽くつぶして、クリームチーズ20g、レーズン20gを混ぜれば、できあがり！　クラッカーやパンを添えておつまみにも。

香川雅春さん

1978年東京都生まれ。女子栄養大学栄養科学研究所准教授。10歳からオーストラリアに移住し、現地のカーティン工科大学、同大学院を卒業。公衆衛生学をはじめ、栄養学やスポーツ科学、心理学など幅広い学術の視点を通し、国際的な研究活動を行う。専門分野は肥満やメタボの国際比較など。

「焼きいもだ〜い好き！」和哉くんのおいしいキメ顔

「安納芋やべにはるかなど、ねっとり系のサツマイモを選んで食べさせてあげていました。やわらかいので、赤ちゃんが食べやすいですよ」と、みかさんが話す。和哉くんが2歳になった今では、焼きいもがおやつの定番に。ほかにもマッシュした焼きいもで作るサラダや、炊き込みご飯、味噌汁の具に使ったりと、家族みんなで楽しめるようにアレンジしている。「今も冷凍庫に焼きいもをストックしています。冷凍してもパサパサしない安納芋などのねっとり系のおイモで作ることが多いですね。おやつで食べる時は自然解凍、味噌汁では冷凍のままお鍋に入れてと、手間がかかりません」

3人とも焼きいもを食べるときは、皮ごとガブリ！　まるごとほおばるのが、香川家流だ。「子供と分け合って焼きいもを食べると気持ちがほっこりします」とみかさん。焼きいもが結ぶ親子のふれあいは、体だけでなく心の栄養にもなって幸せな時間を作ってくれる。

VOL.2

「朝さつまいもダイエット」著者
美容家
鈴木絢子さん

焼きいも大好き！

私の焼きいも体験

右から鈴木絢子さん、モデルの望月奈帆さん、「2013年ミスインターナショナル日本代表選出大会」最年少ファイナリスト・矢島茉那美さんと母・陽子さん。メンバー全員が「5キロの段ボールで箱買い」という筋金入りのサツマイモ愛好家。

17年間ウエスト58㎝をキープ！

「朝さつまいもダイエット」を続けて17年の美容家の鈴木絢子《あやこ》さん。朝食に焼きいも150g（約半分）を食べて、昼と夕食は通常の食事を摂るいたってシンプルな方法だ。

「始めたのは高校2年の時。当時はりんごやキャベツだけを食べるダイエットが流行し、友人とともに色々とチャレンジしましたが、常に体が冷えていて、やせても体調が悪くなる一方。そんな私を母が見かねて、サツマイモを勧めてくれたのがきっかけです」と鈴木さん。「サツマイモは太るからやめた方がいい」と、周りに言われながらも、朝食に焼きいもを食べ続けると、以前のように無理をすることなく半年間で体重が8キロ減！　当時悩んでいた便秘とニキビもいつのまにか解消されていた。以来、17年間リバウンドなしで、高校時代と変わらない理想の体重をキープしている。

鈴木さんの愛犬も焼きいものファン

① 好きなサツマイモの品種
② 主なサツマイモの調理法
③ 焼きいものメリット

矢島陽子さん

①ねっとりとした安納芋
②フライパンもしくはトースター　③前よりも疲れにくくなりました。わが家の犬も大好きで、無添加の犬のおやつとして安心して食べさせられます。

矢島茉那美さん

①ほくほく感のベニアズマ
②フライパンもしくはトースター　③むくみと冷え性が解消。昔は半身浴で解消していましたが今は必要なく、その分睡眠時間が増えました!

望月奈帆さん

①ねっとりとしたべにはるか
②シリコンスチーマーで蒸す
③食べ始めて1週間で便秘が解消。今は撮影の5日前に食べてデトックスしています。肌のつやが全然違います。

鈴木さんはサツマイモ料理研究家としても活躍。写真上から安納芋と紫芋のフライドチップ、豆乳で作るスイートポテト、ベニアズマのチーズフォンデュ

焼きいもは「天然の美容食」

鈴木さんのサロンに集まってくれたのは、〝朝さつまいもダイエット〟の経験者のみなさん。モデルの望月奈帆さんは半年間で6キロ減り、今もベスト体重をキープ。高校3年生の矢島茉那美さんはミスインターナショナルの大会に向けてダイエットを始め、17歳という若さで26名のファイナリストの1人に選ばれた。「減量だけでなく、むくみや冷え性も解消されたのもびっくり」とは茉那美さん。母の陽子さんも、鈴木さんが『以前よりスッキリした』と話すようにスリムな体型を維持している。

みなさんがふだんサツマイモを食べるときは、シンプルな『焼きいも』がほとんど。鈴木さんおすすめは、皮ごと3センチ角に切ったサツマイモをフライパンで約10分蒸し焼きすればOKと、とても簡単。「『ヤラピン』という腸の働きを促す物質が流されないように、切った後は水にさらしません。身と皮の間の部分に多いので皮ごと食べたいですね」と、アドバイス。便秘やむくみ解消、美肌効果と、女性の頼もしい味方になる焼きいもは、まさに天然の美容食。4人のように健康的な美を手に入れたい。

鈴木絢子さん

1981年静岡県生まれ。「さつまいも親善協会」会長のほか、化粧品や健康食品の企画をはじめ、美容・ダイエットのアドバイザーとして活躍。2014年にはサツマイモ菓子メーカーとコラボした「ふなっしースイートポテト梨味」をプロデュース。著書に『朝さつまいもダイエット』
http://ameblo.jp/ayako810/

ほくほく、しっとり、ねっとり

焼きいもの食味いろいろ揃いました

ねっとり系

べにはるか

のどに詰まらない滑らかな口当たり。麦芽糖の含有量も多く、クリーミーな甘みが味わえる。

しっとり系

べにまさり

「焼きいも専用品種」として販売もされる。しっとりとなめらかな口当たりが特徴。

しっとり系

ひめあやか

加熱すると鮮やかな黄金色に。他のサツマイモに比べると小ぶりな食べきりサイズ。

ほくほく系

ベニアズマ

日本人に親しまれる、ほくほく系焼きいもの代表格。甘みが強いのも魅力。

日本人が焼きいもに親しむようになったのは江戸時代。1793（寛政5）年、江戸の街中に初の焼きいも売りが現れて以来、明治から大正、昭和と200年以上も愛され続けている。少し前まで焼きいもは、水分が少なめの「ほくほく系」のイモがほとんど。しかし、今では品種が増え、さまざまな食感が楽しめるようになった。大きく分けると、ほくほく系、しっとり系、ねっとり系の3タイプ。最近では、生キャラメルのような口当たりで大ブームとなった安納芋やべにはるかなどの「ねっとり系」が人気を集めている。

貯蔵や栽培の技術が進んだおかげで、同じ品種でも季節によって違う食感が味わえるようにも。たとえば、ベニアズマは収穫した時はほくほく系だが、長期熟成貯蔵するとねっとり系の食感が味わえる。このようにさまざま品種と食感が楽しめるのは、〝焼きいも200年〟の日本が誇る食文化のひとつ。あなたは、ほくほく、しっとり、ねっとりのどれが好み？

ほくほく系

昔ながらの焼きいもの食感。水分が少なく、サラサラとした粉質の舌触りで、上品な甘さ。ほくほく感を活かし、サラダやスープなどの料理にもアレンジしやすい。

おもな品種 …

ベニアズマ、ベニコマチ、紅赤、高系14号、パープルスイートロードなど

ベニアズマ

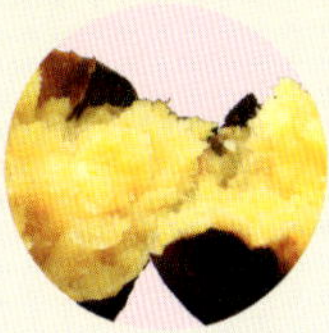

高系14号

紅赤

しっとり系

甘みがほど良く、のどごしが滑らかなのが特徴。
まるで芋ようかんを食べているようなソフトな食感が味わえる。

おもな品種 …

べにまさり、シルクスイート、ひめあやか、アメリカイモなど

べにまさり

シルクスイート

アメリカイモ(七福)

ねっとり系

スプーンで食べられるほどのクリーミーな口当たり。その濃厚な甘みから「生キャラメル」とも。冷めても硬くならず、甘みが増す。お菓子の材料にもおすすめ。

おもな品種 …

べにはるか、安納芋、クイックスイート、熟成べにまさり、熟成ベニアズマなど

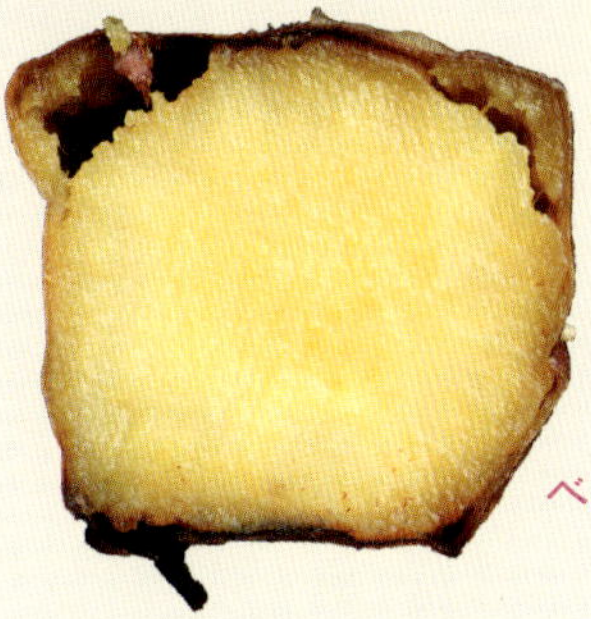

べにはるか

安納芋(安納紅)

クイックスイート

焼きいもが苦手な人の理由とその対策

見た目は素朴だけど、中身は栄養満点な優等生の焼きいも。外見やイメージにとらわれて、食わず嫌いの人もいるのでは？　美肌をつくるビタミンCをはじめ、アンチエイジング対策に欠かせない老化防止のビタミンEや、便秘を解消する食物繊維など、女性にうれしい効果がたくさん。さらに、おやつだけでなく朝食や離乳食にもぴったりで、毎日買ってもお財布にやさしいプライスと、いいことづくしの焼きいもは、知れば知るほど、好きになるはず！

理由 1

1本が大きくて…。

対策　残った焼きいもをサラダにリメイク

市販の焼きいもは1本300g以上のボリュームがあるものが多く、全部食べきれない人も多いはず。焼きいもが残ったら、今晩のおかずにサラダを作ってみませんか。マヨネーズや粒マスタードと相性がよく、鶏肉やハムなどのたんぱく質を加えると、栄養バランスの良いひと品ができあがり。残った焼きいもを冷蔵庫で冷やし、翌日にヨーグルトやミルクと合わせるとヘルシーな朝ご飯にも。こまかくつぶして離乳食や介護食にも応用できます。

参照　第5章「もっと楽しむ焼きいも」

理由
2

ほくほく感が苦手…。

対策　しっとり系やねっとり系もありますよ

今や焼きいもは、昔ながらの「ほくほく」とした食感だけでなく、「ねっとり」、「しっとり」の3タイプが揃う時代。生キャラメルのようにクリーミーな食感のべにはるかや安納芋、しっとりとしてほど良い甘みのべにまさりなど、サツマイモの品種が増え、さまざまなタイプの焼きいもが楽しめるようになっています。ねっとり系やしっとり系は、呑みこむ力が低下しているお年寄りにも、「これなら食べられる」と人気です。

参照　第１章「いま焼きいもが新しい」

理由
3

冷めるとおいしくない!?

対策　冷やし焼きいもは沖縄では定番

冷めてもおいしいものが「本物の焼きいも」。焼きいもファンの間では、1本は熱いうちに、もう1本は冷やして食べる「2本買い」が定着しています。約400年以上のサツマイモの歴史がある沖縄では、焼きいもが一番売れるのはなんと夏！　買った焼きいもを冷蔵庫で冷やし、翌日に冷たいおやつとしていただくのが定番とか。ひんやりとして甘い焼きいもをぜひお試しあれ！

参照　第１章「いま焼きいもが新しい」

理由
4

買うのが恥ずかしい…。

対策　体にやさしいヘルシーなスイーツです

焼きいもは、生クリームや砂糖を使っていない“ヘルシーなスイーツ”。エネルギーも低めで、腸のおそうじをしてくれる食物繊維や、美肌づくりに欠かせないビタミンC、また高血圧防止のカリウムなどの栄養素も豊富なので、メタボのお父さんたちにもおすすめ。ほかのスイーツと違って、罪悪感なく食べられます！

参照　第4章「焼きいもの健康パワー」

理由 5

胸やけしたり、おならが出る。

対策 胸やけ防止は食べ過ぎないこと。焼きいものおならは基本的に臭くありません

焼きいもは他の食べものとくらべて水分が少なく、でんぷん質が多いため、胃に滞在する時間が長くなり、消化されにくくなります。とくに食べ過ぎは、胃の滞留時間が長くなることで胃の括約筋がゆるみ、胃液とともに食道部へ逆流して胸やけを起こす原因になります。

もうひとつの問題のおならですが、じつはサツマイモのでんぷん由来のおならは、それほど臭くなりません。さらに、サツマイモに含まれる食物繊維は、大腸の働きを促し、便秘を予防する効果も。おならが出ることは、大腸が正常に動いている証拠で、健康を知るバロメーターにもなります。

参照 第4章「焼きいもの健康パワー」

理由 6

戦時中を思い出すとおばあちゃんがいやがる。

対策 「アンチエイジング」の焼きいもでいつまでも若々しく

戦中と戦後の食糧難の時代にはサツマイモが主食となり、たくさんの量を確保するために食味の悪いものが出回ったため、苦手になった人も多いといいます。しかし、今では栽培技術や品質が向上して、焼きいもの食味も年々アップしています。年齢とともに衰える腸内環境を整えるには、食物繊維が多く含まれた焼きいもが効果的。

さらに"若返りのビタミン"と呼ばれるビタミンEが多く含まれているのもお見逃しなく！　シニア世代は毎日の食生活で積極的に取り入れたいものです。

参照 第4章「焼きいもの健康パワー」

理由7 太りそう…。

対策 焼きいものエネルギーはご飯と同じくらい

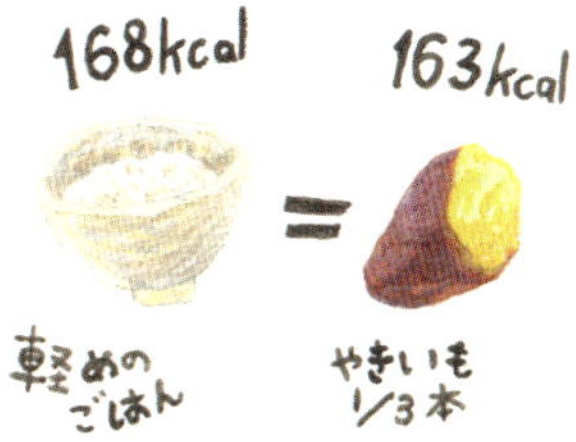

焼きいも約1／3本（100g）は163キロカロリー。これは、やや少な目に盛り付けたご飯（100g）168キロカロリーとほぼ同じ。ちなみにショートケーキ1個（約60g）約340キロカロリー、大福1個（100g）約235キロカロリー、ポテトチップス1袋（60g）約340キロカロリーになり、焼きいもの方が低エネルギーで腹持ちもいいため、少量で満足できます。

甘いお菓子やスナック類を食べるなら、ビタミンや食物繊維が豊富で添加物ゼロの焼きいもの方が断然おすすめです。

参照 第4章「焼きいもの健康パワー」

理由8 焼きいもは高価なイメージが…。

対策 スーパーマーケットやコンビニでは1本100～200円で買えます

焼きいもといえば、リヤカーや軽トラックで移動販売の「石焼きいも」を思い出す人も多いはず。実際に買ってみたら予想以上に高かったという苦い経験があるのでは？　今は、スーパーマーケットやコンビニはもちろん、インターネットでも手軽に購入できるようになり、値段もきちんと明記されているから安心。ショップによっては、1本100～200円前後と手ごろな価格で買えるところもあって、お財布にやさしいのもうれしい点です。

参照 第2章「焼きいも売ってます」

朝食に焼きいもを!

日本の〝栄養学の母〟香川綾先生の毎日の朝ごはんに欠かせなかった「焼きいも」

女子栄養大学の創設者で、日本に「栄養バランスのよい食事で病を防ぐ」概念を普及させた医学博士・栄養学者の香川綾先生。1997年に98歳で亡くなるまで、自らの体で栄養学を実践するために約30年間「食事日記」を続けていた。90歳代の日記には、朝食に焼きいもが度々登場し、例えば1996年6月4日（97歳）は、焼きいも（80g）に半熟卵、牛乳、コーヒー（写真下）と記されている。

「朝食に焼きいもが定番だったのは、自身が考案した食事法『四群点数法』では、野菜の仲間であるイモ類を一日1点（80キロカロリー、サツマイモでは60g）分をとることをすすめているからです。イモ類は加熱してもビタミンが壊れにくいので野菜よりも効率よく摂取できます。もともと香川先生が幼少期からサツマイモが大好物という理由もあるんですよ」とは、「香川昇三・綾記念展示室」の学芸員の三保谷智子さん。年を重ねると運動量が減り、便秘になりやすい。食物繊維が豊富な焼きいもは、高齢者のお腹の調子を整えてくれるとも話す。

香川先生の焼きいもは、前の晩にサツマイモをアルミ箔で包んでおき、朝起きてからオーブンでゆっくり焼く。おいしそうな黄金色に仕上がったアツアツを、牛乳とともにほおばる…。栄養があって幸せな気分になれる、なんともぜいたくな朝ごはんだ。

香川綾先生の1996年6月4日の朝食／香川昇三・綾記念展示室　埼玉県坂戸市千代田3-9-21（女子栄養大学内）
http://www.eiyo.ac.jp/

2ステップで簡単！

焼きいも DE 朝ごはん

食欲のない時にもおすすめ
豆乳でもおすすめ！

焼きいもスムージー

材料（2人分）

焼きいも …… 1/2本　牛乳（豆乳） …… 200ml
氷水、はちみつ、バニラエッセンス …… 適量

作り方

1…ミキサーに適当な大きさに切った焼きいも、牛乳（豆乳）を入れて、10秒ほどかける。
2…固さやとろみは、氷水を足して整える。お好みでハチミツやバニラエッセンスを加える。

甘い焼きいもがジャムのよう！
ボリュームたっぷりでお腹も満足

焼きいもトースト

材料（1人分）

焼きいも …… 100g（約1/3本）
食パン …… 1枚　バター（またはマーガリン） …… 適量
はちみつ …… 適量

作り方

1…焼きいもを輪切りにし、バターを塗った食パンにのせる。
2…1をオーブントースターで焦げ目がつくまで焼く。仕上げにはちみつをかける。

相性抜群の生クリームを添えて
ワンプレートの朝ごはんに

パンケーキ焼きいも

材料（2人分）

焼きいも …… 1/2本
パンケーキ（市販） …… 小 6枚　生クリーム …… 50ml
砂糖 …… 適宜　ありあわせの野菜 …… 適宜

作り方

1…焼きいもの皮をむき、フォークでつぶす。生クリームを泡立て、砂糖を加える。
2…温めたパンケーキと焼きいも、生クリーム、野菜を皿に盛り付ける。

ヨーグルトを添えるだけで簡単！
一日の始まりにお腹のデトックス

焼きいもヨーグルト

材料（1人分）

焼きいも …… 1/2本
ヨーグルト …… 大さじ2
砂糖 …… 適量

作り方

1…焼きいもを輪切りにする。
2…1に砂糖を混ぜたヨーグルトを添える。

えっ！ 冷やし焼きいも

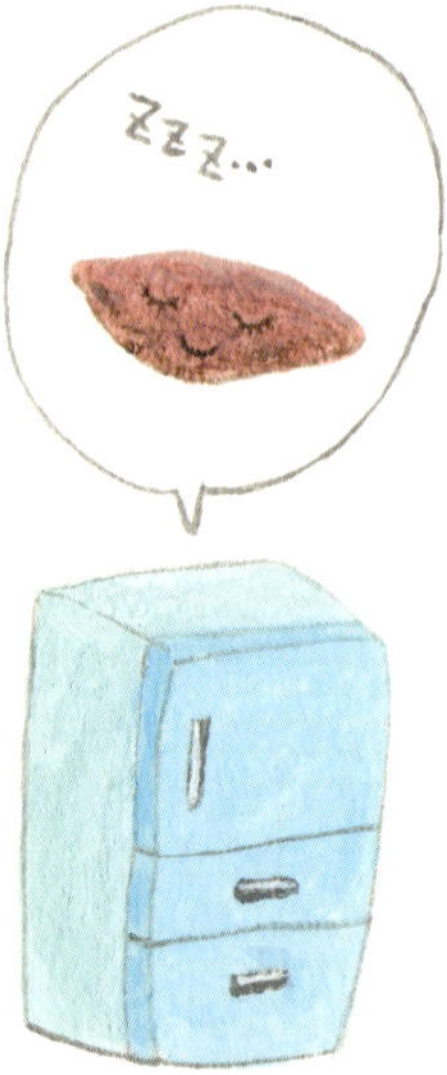

一本の焼きいもが食べきれない時は、「冷やし焼きいも」こと『冷やいも』がおすすめ。焼きいもを冷蔵庫でひと晩寝かせることで、味が均一になり、芋ようかんのようなしっとりとした食感が味わえる。ちなみに冷やし焼きいもは、年間の平均気温が15度以上の沖縄では夏のおやつとしてすでに定番になっていて、焼きいもがいちばん売れるのは、6〜9月がピークなのだそう。沖縄のように夏は冷たいデザートとして、冬はこたつで暖まりながらアイスクリーム感覚で焼きいもをほおばって。

"冷やいもファン" **Tさん**

1本の焼きいもを、半分はアツアツで、半分は「冷やし」と2通りで味わうのが定番。冷やし焼きいもは翌日の朝食にもおすすめ。

"冷やいもファン" **Hさん**

ひんやりと冷たい焼きいもと、あったかい味噌汁と組みあわせて忙しい日のランチに。意外かもしれませんが、焼きいもと味噌汁は相性がいいんです。

"冷やいもファン" **Aさん**

お店で買った焼きいもで「冷やいも」を作るときは、お店の包装紙にくるんで室温で熱を冷ますのがこだわり。しっかり冷めたら、包装紙ごとポリ袋に入れて冷蔵庫でひと晩寝かせます。紙袋が余分な水分を吸って、味も濃縮されている感じ。

"冷やいもファン" **Gさん**

冷やし焼きいもを食べやすい大きさに切って、アイスクリームをトッピング。簡単デザートのできあがり。

"冷やいもファン" **Mさん**

冷蔵庫に焼きいもを常備してふだんのおやつに。食べたい分をカットして、紅茶やコーヒーといっしょにいただきます。スナック菓子を食べるよりヘルシーだし、腹持ちも抜群。おかげさまで毎日快便です！

冷凍焼きいもは超便利!

長期保存がきいて、おやつや朝食にストックしておくと何かと便利な冷凍焼きいも。今では、べにはるかや安納芋などの人気の品種の焼きいもがインターネットでお取り寄せができ、注目を集めている。

冷凍焼きいもは、作りたてを瞬間冷凍しているので、焼きたてのおいしさがそのまま。自然解凍か電子レンジで温めるほか、オーブンやオーブントースターで焼くと、香ばしい風味が楽しめる。

家で作る場合は、冷ました焼きいもをラップに包み、保存袋に入れて冷凍庫へ。ほくほく系のサツマイモは冷凍保存には向かず、柔らかくてねっとり系の品種が冷凍焼きいもにおすすめだ。

プロが伝授!

冷凍焼きいものおいしい食べ方

教えてくれた人

ポテトかいつか
貝塚照雄社長

昭和50(1975)年にサツマイモ卸問屋として創業。社長自ら生産者を訪ね歩き、鉾田市などを中心に茨城県鹿行地域などの約300軒の農家から仕入れ、年間約1万トンのサツマイモを取り扱うほか、紅天使(べにはるか)などの冷凍焼きいもを販売。
http://www.potetokaitsuka.co.jp/

レンジで温める

ラップをせず、電子レンジで1本につき約1～3分(太さによって調整)加熱すれば、ほくほくの焼きいもに。

冷蔵庫で解凍

冷蔵庫で、お好みのやわらかさになるまで解凍。半解凍ほどの冷たい状態で味わうのがおいしい。

料理にもアレンジ

自然解凍した焼きいもをつぶして、サラダやスープに活用できる。赤ちゃんの離乳食にもおすすめ。

焼きいもミルク

皮をむいた冷凍焼きいも200g、牛乳400gをミキサーにかければできあがり。バニラアイスを使えば、焼きいもシェイクにも。

おいしい、かわいい、楽しい

「トッピング焼きいも」はいかが？

1本食べきれないときは、冷蔵庫にあるいつもの材料で「トッピング焼きいも」をお試しあれ。

簡単な朝ごはんやちょっと贅沢なスイーツ、さらにはお酒のおつまみにも早変わり。

生クリーム

ホイップした生クリームをトッピング。香り付けにシナモンを振ってもおいしい。

ヨーグルト

ヨーグルトの酸味と焼きいもの甘みがベストマッチ。簡単な朝ごはんにもなる。

バター

アツアツの焼きいもの上でバターがじゅわ〜っととろけて、食欲をそそります！

焼きいも屋さんでよく見かける「栗よりうまい十三里」とは?

江戸の街にはじめての焼きいも屋が誕生したのは、寛政年間（1789～1801）。焼きいもが焼き栗の味を上回ることから、「栗（9里）より(4里）うまい13里（9+4里）」とかけた洒落が江戸っ子にうけて評判を呼び、ますます繁盛したと伝えられている。ほかにも焼きいもの出始めの頃には、栗に近い味を示す「八里半」と呼ばれた時期もあったとか。

江戸には治安維持のため町の出入口に木戸が設けられ、その脇に木戸番と言われる役人が住む木戸番屋があった。木戸番は、朝晩の木戸の開閉などが主な仕事だったが、内職として雑貨や駄菓子などを売ることが許されていた。このことから「商番屋《あきないばんや》」とも呼ばれ、今のコンビニエンスストアに近いものになっていた。江戸の焼きいも屋の多くは、その木戸番たちの副業でもあった。

「栗よりうまい十三里」にはもうひとつの説がある。それは江戸時代のサツマイモの名産地で知られた埼玉県川越市が、江戸・日本橋まで13里（約52㎞）ということによるもの。こうしたエピソードから、地元のサツマイモ愛好家グループである「川越いも友の会」がサツマイモが旬を迎える10月13日を「サツマイモの日」と決め、毎年イベントを行っている。

他にも…

クリームチーズ、メープルシロップ、ピーナツバター、アイスクリーム、黒みつ、チョコレートシロップなどもおすすめ。意外なところではポン酢、柚子こしょうもよく合うとか!

マヨネーズ

マヨネーズが焼きいもの甘みをじんわり引き立てます。お酒のおつまみにもおすすめ。

粒マスタード

つぶつぶ感とまろやかな酸味であとをひくうまさ。はちみつを加えてハニー・マスタード風にも。

溶けるチーズ

チーズをのせてこんがりと加熱すれば簡単なグラタンに。チーズとサツマイモの甘じょっぱさがたまらない!

Column

「川越いも友の会」会長ベーリ・ドゥエル先生の

私が、焼きいもが好きな理由

サツマイモに興味を持ったのは、今から40年前に日本に留学し、イモの街で有名な埼玉県川越市に住むようになってからです。大学院では比較文化論を専攻し、食文化に興味があったので、川越ではおなじみのサツマイモを修士論文のテーマに選んだのが、そもそものきっかけです。地元の文献を調べるうちに、後に「川越いも友の会」のメンバーとなる人物と出会い、さらにはサツマイモ農家、芋菓子店のオーナーなどと人の輪が広がって1984年に「川越いも友の会」が発足しました。これまでに10月13日の「サツマイモの日」制定をはじめ、川越いも祭、講演会や小冊子の発刊など、川越のサツマイモ文化を保存する活動を行ってきました。

我が故郷アメリカでは、サツマイモは副菜やデザートとして食べられることがほとんどで、日本の焼きいものように素材そのものを味わうことがあまりありません。焼きいもにサワークリームやバターなどを付け、香辛料と合わせて食べます。私もふだんはアメリカ式に昼食や夕食の副菜として焼きいもをいただいています。例えばある日の夕食は、鶏のから揚げをメインに、ほうれん草とカブの蒸し野菜、焼きいも半分、デザートに柑橘類という献立です。日本ではおやつとして食べられる焼きいもですが、こんなふうに食事のひと品としていただくのもおすすめですよ。

私が焼きいもを買うのは、地元のスーパーやコンビニです。売り場はたいてい店の入口にあって、おいしそうな香りに引き寄せられてつい買ってしまうことが多いんです。焼きいもは味覚だけでなく、香り、手触りと五感で楽しめるところもいいですね。寒い日は手に持つと温かく、カイロの代わりになって、食べればお腹もぽかぽかと温まるので、まさに一石二鳥です。ちなみに、好きな焼きいもの品種は、べにはるか。あんぽ柿のようなねっとりとした食感が気に入っているんですよ。

ベーリ・ドゥエル

1949年生まれ
アメリカ・オレゴン州出身
東京国際大学名誉教授。地元ウィラメット大学を経て、1974年より埼玉県川越市に在住。1983年上智大学比較文化修士課程を修了。1986年から市民有志が集まる「川越いも友の会」会長を務める。3年に一度開催されるサツマイモの国際的な学会、国際熱帯いも類学会にも長年参加。

第2章

焼きいも売ってます

焼きいも、どこで買いますか？
スーパーマーケット？ 専門店？
それともネットショップ？
一昔前と違って、いつでもどこでも
気軽に買えるうれしい時代に
なりました。

小売・流通

焼きいも
北から南から

おいしくて、気軽に買えて、しかもヘルシーと、
焼きいもは、若い女性が好きなおやつとして注目されています。
焼きたての焼きいもを買える、スーパーマーケットや
デパート、コンビニ、道の駅などが増え、
また、インターネットでも注文できるようになっています。
ほくほく系、ねっとり系、しっとり系の食味の変化を楽しめること、
寒い季節だけでなく1年中買えるようになっていることも
ファンにとっては安心材料。
ここでもあそこでも買える焼きいもをレポートしました。

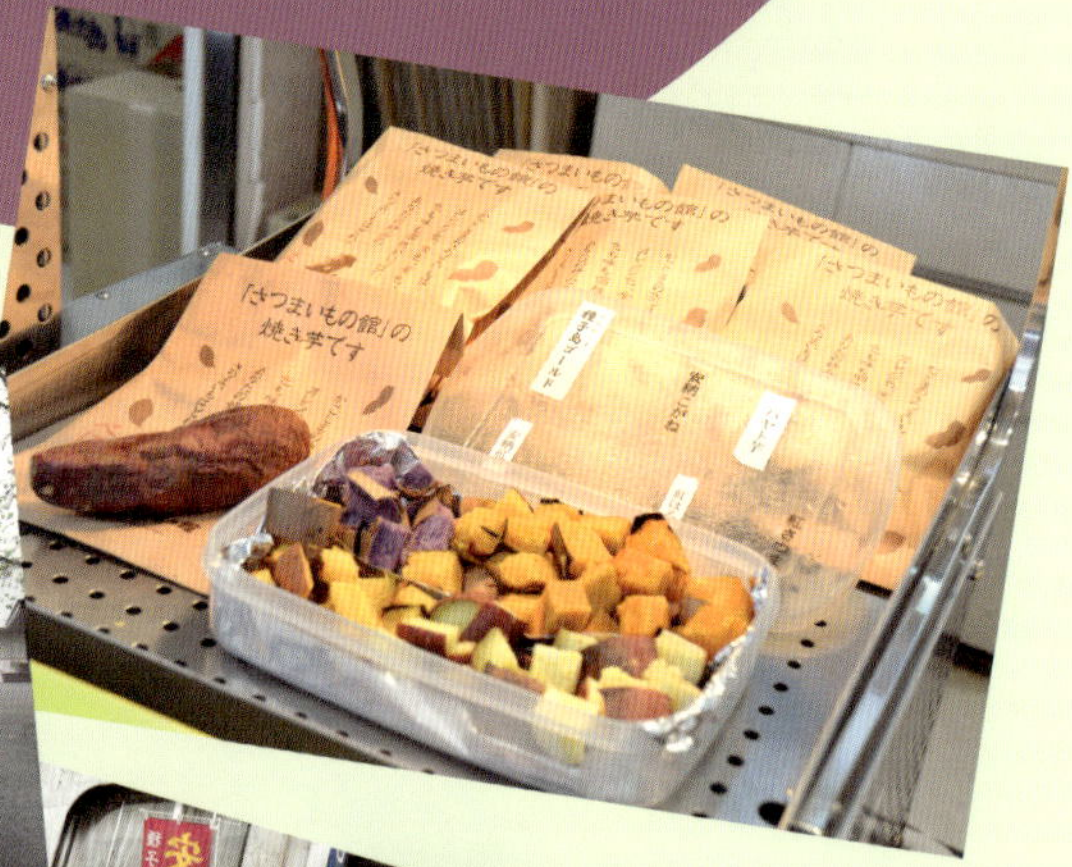

北海道の焼きいもファンに朗報

やきいも工藤（北海道札幌市）

季節ごとに合計30種類以上のサツマイモを仕入れる

北海道でイモというとジャガイモだが、サツマイモのファンも多い。札幌市南区、定山渓に向かう国道沿いの「やきいも 工藤」は、通年営業している焼きいも専門店。焼きいも好きの口コミで人気上昇中だ。

店内には、居酒屋のメニューのような、サツマイモの銘柄を書いた短冊が30種類以上もずらり。サツマイモは産地から直接取り寄せ、その時期にもっともおいしい銘柄を何種類か選んで、焼き時間、火力を微妙に調整しながら、ガスオーブンでじっくり焼く。ネット通販もやっていて、四季折々のやきいもミックスと、鹿児島産べにはるかの2種類を1.5kg箱で発送している。「やきいもスティック」も好評だ。

安納芋のおいしさを焼きいもとスイーツで

C&M's 銀座いもっ娘（群馬県桐生市）

店内には焼きいもやスイーツのイートインコーナーも

JR桐生駅近くの県道沿いに、おしゃれな洋菓子店のような店がある。看板には「やきいも茶房」とあり、ショーケースの中にはシフォンケーキ、モンブラン、スイートポテトなどのスイーツと焼きいもが並んでいる。

材料はすべて本場種子島から仕入れる安納芋。濃厚な甘みとねっとりした食感で知られる安納芋を、専用釜でていねいに焼き上げることで、糖度40度以上の甘みを引き出す。さらに、その焼きいもを使い、ひと手間かけてスイーツをつくる。焼きいもやスイーツは、店内のイートインでコーヒーなどとともに楽しむこともできる。大型店のイベントなどに出かけての販売、ネット通販も行っている。

（写真提供／C&M's銀座いもっ娘）

もみ殻の小山 150 か所で焼く焼きいも

栗源《くりもと》のふるさといも祭（千葉県香取市）

毎年11月、千葉県香取市の栗源《くりもと》運動広場では、「栗源《くりもと》のふるさといも祭」が開催され、香取市の人口8万2千人にも近い、7万人もの参加者でにぎわう。会場の起点には「いも大明神」がまつられ、地元の人にとっては家族親族総出のサツマイモ感謝デーとなっている。

祭りの目玉は、第1回の1986年から続いている名物イベント「日本一の焼いも広場」。収穫の終わったサツマイモ畑に、150か所の〝もみ殻〟の小山をつくって、前夜に火入れする。当日朝、あつあつのもみ殻の中に栗源地域特産のサツマイモ「ベニコマチ」を入れ、2時間かけて蒸し焼きする。焼き上がった合計5トンもの焼きいもは、来場者に無料でふるまわれるとあって、焼き上がりを待つ人

焼きいものネットショップ

スーパーマーケットでの店内販売や軽トラックでの移動販売、専門の小売店などで直接買うだけでなく、インターネットで焼きいもを注文できる時代になった。サツマイモスイーツの加工品メーカー、インターネット専門の通販会社、店頭での販売とともにネット通販も手がける専門店、地元特産のサツマイモを加工してネット販売する農家などなど、参入する業者はさまざまだ。

焼きいもの魅力にとりつかれ、焼きいものおいしさを広めたいと、若者が開店したネットショップを紹介しよう。

サツマイモを特製のつぼに入れて、練炭の熱でじっくり蒸し焼きする伝統の「つぼ焼き」の製法にこだわる。デザイナーでもある店主・チョウハシトオルさんは、「古きよき日本の食文化を継承するとともに、現代にマッチした新しい

http://www.yakiimo-biyori.com/

150か所のもみ殻の小山で5トンのイモを焼く

の長い列ができる。

このほか、大型クレーンで1.8mの巨大な蒸籠《せいろ》を5段重ねで蒸し上げる、約2トンの蒸《ふ》かしいも、直径2mの巨大な鍋でつくる約5千食分の豚汁と、スケールの大きさでも関東最大級。サツマイモとダイコンでつくった野菜壁画「日本一のいも富士」も圧巻だ。新鮮な野菜など、地域特産品の模擬店など盛りだくさんで、大人も子どもも秋の1日を満喫できる収穫祭となっている。

やきいも日和（神奈川県大磯町）

焼きいもを表現していきたい」と、アートとのコラボ、食育ワークショップなど、焼きいもをキーワードにさまざまな活動を行う。自らデザインした焼きいものパッケージもしゃれている。神奈川県大磯町で焼きいも店を開くとともに、ネットで注文を受け付ける。（焼きいもの販売期間は(要)問合せ）

焼きいものパッケージもおしゃれ

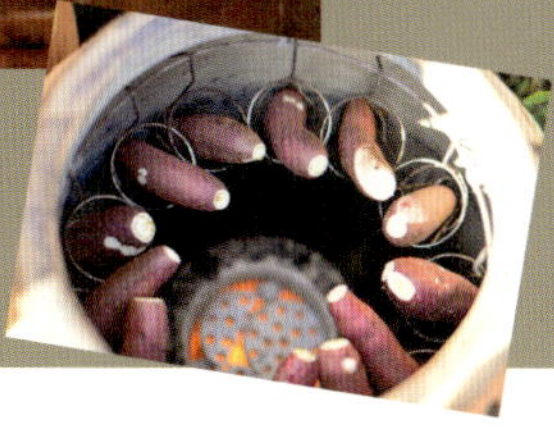
伝統の「つぼ焼き」でじっくり焼く

（写真提供／やきいも日和）

自立支援に焼きいもが大活躍

社会福祉法人 京都市やましな学園
（京都府京都市）

京都市山科区の山科合同福祉センターの駐車場では、毎週火曜日午前10時から「新鮮野菜の朝市」が開かれる。朝市を運営するのはセンター3階にある知的障がい者の就労支援施設・京都市やましな学園。大阪府茨木市のなるとや（P46〜47参照）のアドバイスを受け、2012年12月から焼きいもを販売開始し、今では朝市になくてはならない商品だ。

　仕入れたサツマイモの皮を洗うところから、専用の電気オーブンで焼いて1本160〜370円で販売するところまで、すべて学園メンバーの仕事だ。対面販売ということもメンバーのやりがいにつながっている。国産、産直、ヘルシーと三拍子がそろう焼きいもは、赤ちゃんからお年寄りまで喜ばれる、福祉作業所の人気商品となっている。

焼きいもの販売はやりがいのある仕事

仕入れたサツマイモは
ていねいに
下ごしらえして焼く

（写真提供／京都市やましな学園）

さすが産地、デパートで焼きいも直売

山形屋の焼いも屋さん

（鹿児島県鹿児島市）

鹿児島市のデパート、山形屋2号館の正面玄関脇には、名物の焼きいも店「山形屋の焼いも屋さん」がある。年間を通して、店内に設けた4台のガスオーブンをフルに回転させて焼き、焼きたてを量り売りで販売。繁華街の天文館に近いアーケード街の一角にあることから、買い物ついでの女性客が多く、秋から冬にかけては行列ができるほど。九州新幹線の開通で、評判を聞きつけて来店する観光客も少なくない。

紅さつま、べにはるか、種子島ゴールド、安納芋など、イモの種類を選べることも人気。最近は甘くねっとりした食感の安納芋が一番人気で、10個、20個とまとめ買いするお客さんもめずらしくない。夏場は紫芋を使ったソフトクリームも販売している。

鹿児島市では老舗デパートで焼きいも直売

全国焼きいも専門店マップ

注）主要な焼きいも専門店と業者を掲載しました。
すべてを網羅できたわけではありません。
・スーパーマーケットやコンビニエンスストアー、農産物直売所等の焼きいも販売コーナーは、数が膨大なため掲載していません。
・移動販売業者も場所が特定できないことが多く、掲載しておりません。
・専門店では、通年販売と季節販売があり、季節外は休業の場合があります。
（2014年9月現在：山田英次調べ）

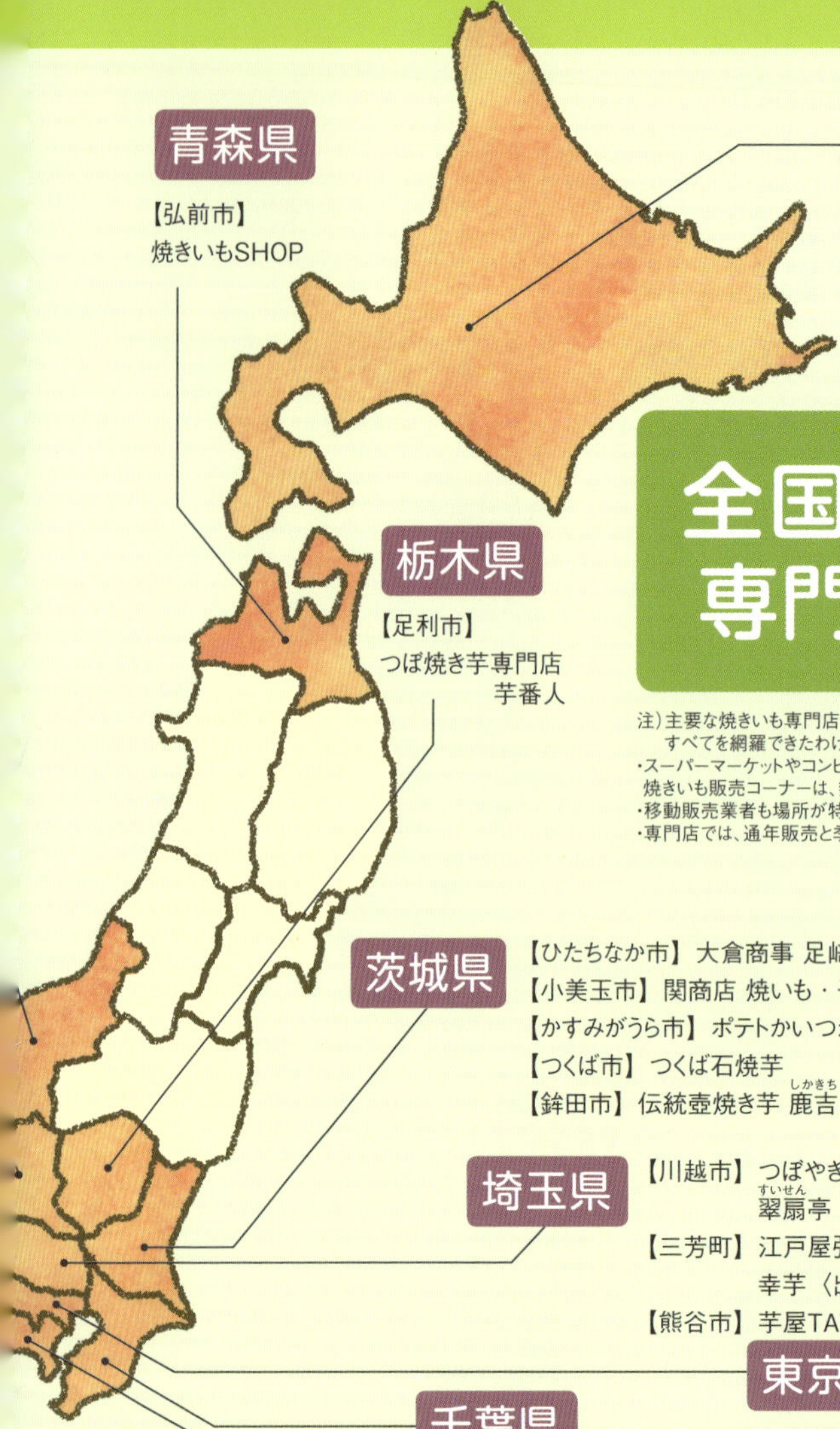

北海道

【札幌市】やきいも工藤
いもや 平岸店
いもや 北8条店
おいもクラブ 焼いもさつま

青森県

【弘前市】
焼きいもSHOP

栃木県

【足利市】
つぼ焼き芋専門店
芋番人

茨城県

【ひたちなか市】大倉商事 足崎工場 焼いも工場直売所 平磯屋商店
【小美玉市】関商店 焼いも・干し芋工場直売店
【かすみがうら市】ポテトかいつか 焼き芋工場直売店
【つくば市】つくば石焼芋
【鉾田市】伝統壺焼き芋 鹿吉《しかきち》〈通販〉

埼玉県

【川越市】つぼやき 平本屋
翠扇《すいせん》亭〈成形焼きいも〉
【三芳町】江戸屋弘東園
幸芋〈出張販売〉
【熊谷市】芋屋TATA

東京都

【中央区】cadeau de CHAIMON 三越銀座店
おいも専門ショップ
「おいもスターズ」〈通販〉
【千代田区】cadeau de CHAIMON
東京名店街南通路店
【江戸川区】安納芋の焼き芋屋さん
【杉並区】荻窪 鈴木青果店
【練馬区】トキワ物産
【世田谷区】やきいも専門店 ふじ
【日野市】日野のやきいもやさん

千葉県

【香取市】樹里の焼き芋屋

静岡県

【静岡市】大やきいも
やきいも末永
【掛川市】おいもや〈通販〉
【焼津市】チャウ倶楽部

神奈川県

【相模原市】ラ・イモンチ
【大磯町】やきいも日和

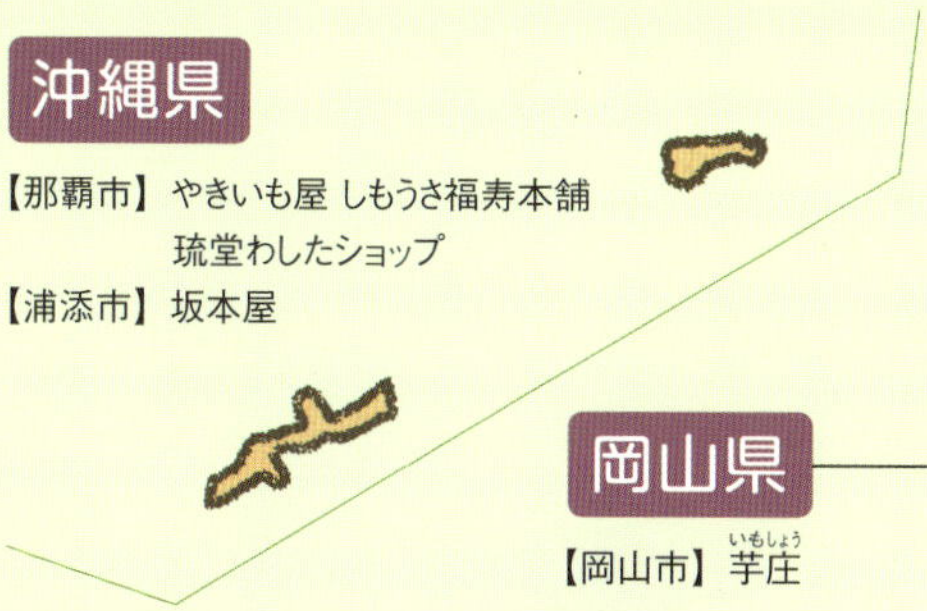

沖縄県

【那覇市】やきいも屋 しもうさ福寿本舗
琉堂わしたショップ
【浦添市】坂本屋

鹿児島県

【鹿児島市】
さつまいもの館
山形屋の焼いも屋さん
古市商店 納屋通り店
焼きいも にぎわい商店
ふじた農産 安納屋〈通販〉
【鹿屋市】
さつまいもの里
焼き芋専門ショップ おいもや
〈通販〉
アネット有限会社 〈通販〉
【大隅町】吉川農園 〈通販〉
【大崎町】都食品〈通販〉

佐賀県

【佐賀市】
焼き芋 黄金丸

大分県

【宇佐市】
まほろば莵狭《うさ》物産館
やきいも屋

宮崎県

【綾町】
つぼ焼きいも
もりのね・綾

岡山県

【岡山市】芋庄《いもしょう》

島根県

【出雲市】斐川あしたの丘福祉会
〈出張販売〉

広島県

【福山市】Imo Batake

福岡県

【北九州市】大學堂
【宗像市】焼き芋 八豊《はっぽう》
〈通販〉

新潟県

【新潟市】にいがた焼いも工房
〈出張販売〉

群馬県

【桐生市】やきいも茶房 C&M's
銀座いもっ娘

長野県

【松本市】蒸焼き芋専門店 いも畑

京都府

【京都市】丸寿 西村商店
林商店
丸石
やきいも工房
(焼きいもビジネスサポート業)

兵庫県

【西宮市】おいもや 芋笑《いもしょう》

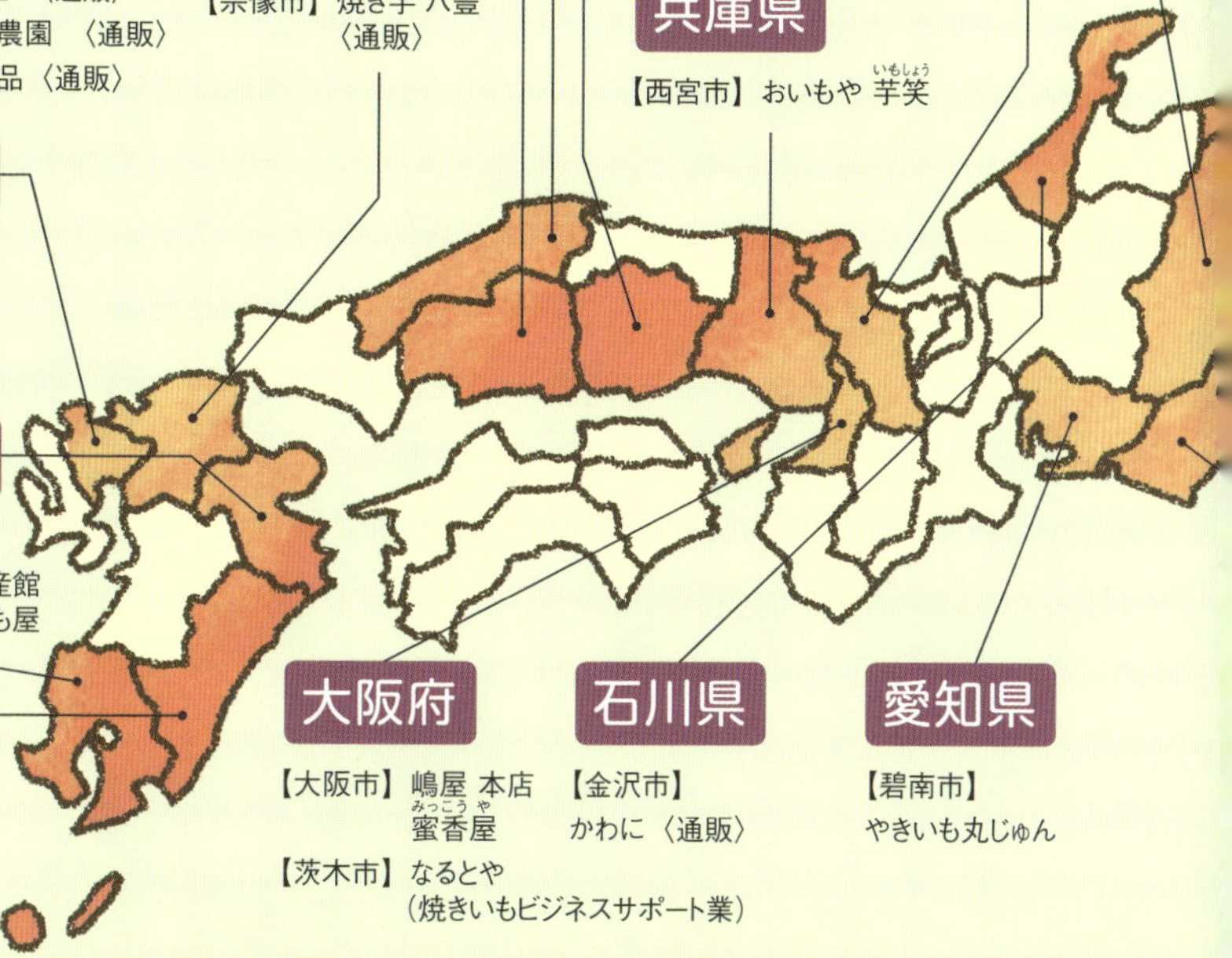

大阪府

【大阪市】嶋屋 本店
蜜香屋《みっこうや》
【茨木市】なるとや
(焼きいもビジネスサポート業)

石川県

【金沢市】
かわに〈通販〉

愛知県

【碧南市】
やきいも丸じゅん

スーパーマーケットに焼きいもを

JAなめがたのチャレンジ

店内にただよう香ばしいにおいに
食欲をそそられて、思わず「1本ください」。
ほかほかの焼きいもを、
近所のスーパーマーケットで買えるしあわせ。
今ではめずらしくないスーパーの焼きいも。
近くのお店で買えるようになったのには、こんな物語があったのです。

焼きいもをもっと手軽に

東京駅から高速バスで1時間半。茨城県東南部の霞ケ浦と北浦にはさまれた、行方《なめがた》市と潮来《いたこ》市をエリアとするJAなめがたの畑では、サツマイモが元気よく育っている。

このあたりは明治以降、葉タバコの栽培が盛んだったが、1985年の専売制度の廃止と禁煙の流れで、葉タバコに替わってキュウリ、イチゴ、露地トマト、メロンなどとともにサツマイモの栽培が盛んになった。そして最近では、サツマイモの出荷量が年々増えている。

「イモは出荷するだけでなく、焼きいもとして食べてもらうまで、責任を持とうとがんばってきました」と語るのは、JAなめがた専務理事の棚谷保男さん。JAなめがたでは全国に先がけて、スーパーマーケットでの焼きいも販売にチャレンジし、焼きいも新時代をひらいてきた。

スーパーマーケットの焼きいもは適度なサイズで、値段も手ごろなので気軽に買えると、評判が評判を呼び、今では、北海道から九州・福岡県まで全国の量販店3千店に、焼きいも専用のサツマイモを出荷。それとともに、焼きいもは秋の味覚という〝常識〟を打ち破り、1年を通して焼きいもを食べられるよう、サツマイモの品種、貯蔵法、販売法などに工夫をこらしている。

味にばらつきがあるのはなぜか？

茨城県は鹿児島県に次ぐサツマイモの大産地だが、近年、生産量全体としては年々減少していた。JAなめがたでも、サツマイモをどう販売するかが大きな課題となっていた。2003年冬、静岡県のスーパーチェーンから引き合いがあり、県内50店舗で焼きいもを実演販売。大好評だった。

ところが翌年、同じように販売したところ、クレーム続出。甘くない、かたい、ほくほくだったりねっとりだったり味にばらつきがあるなど、さんざんな評判だった。「そこでＪＡ内にチームをつくり、県の農業技術指導機関などと協力して原因を究明しました。その後、このチームは茨城県の各種技術指導関係者を集め、焼きいもプロジェクトチームをつくりました」と、棚谷さん。

サツマイモの品種、大きさ、出荷時期、焼き方など、考えられる限りの条件別に試験したところ、焼きいものおいしさには、サツマイモに含まれるでんぷん量が大きく関係していることをつきとめた。また、アンケート調査を実施し、年配の人にはほくほく系の焼きいもが好まれるが、若い人にはねっとり系の焼きいもが人気上昇中ということもわかった。

究極の貯蔵法で1年中出荷

「紅こがね」（※）はでんぷん含量が多いために、収穫直後はほくほくして甘みは少ないが、長期間熟成させると甘くなる。いっぽう、「べにまさり」はでんぷん含量が少なく、糖化のスピードが速く、収穫直後でも甘くねっとりした焼いもができる。「紅優甘《べにゆうか》」（※）は、べにまさりよりさらに糖化が早く、掘り上げてすぐでも甘くしっとりした焼きいもになる。ということは、３品種を順番に出荷すれば、１年中おいしい焼きいもをつくることができる。

そこでＪＡなめがたで改良した、「キュアリング処理」と「定温・定湿貯蔵」（詳しくはＰ70～73参照）を組み合わせる方法で貯蔵し、もっともおいしく味わえる時期にリレー出荷することにし

※JAなめがたでは、商品として責任をもつため、「ベニアズマ」は「紅こがね」、「べにはるか」は「紅優甘」というブランド名で商標登録している。

た。トップバッターは紅優甘で8～12月、次に、べにまさりを10～3月に出荷。収穫量最多の紅こがねは時間をかけて糖化を進め、でんぷん含有量に応じて1～4月に、さらに、同じ紅こがねでも定温・定湿倉庫でじっくりと熟成させた「熟成紅こがね」は、5～8月に出荷の出番となる。

焼きいも用イモの生産に力を注いできた成果は数字にも表れてきた。サツマイモの売上は10年前の２.５倍にもなり、今では３００軒の農家で合計７００ヘクタールの畑に栽培している。

サツマイモのテーマパークを

サツマイモの消費を拡大しようと、このほかにもさまざまな取り組みを行っている。

２００６年には、「甘藷《かんしょ》伝来４０１年記念」として、東京・数寄屋橋で「べにまさり」の焼きいも１５００本を無料配布。２０１２年5月には、サツマイモスイーツを製造販売している白ハト食品工業と連携し、東京スカイツリータウンの東京ソラマチ5階「ソラマチファームらぽっぽおいも畑」に、ＪＡなめがたの土と苗を運んでサツマイモを栽培。応募した親子連れが大都会の屋上農園で、サツマイモの苗植えから収穫までを毎年楽しんでいる。

都会に出かけてＰＲするだけではない。サツマイモを地域の活性化につなげようと、同じく白ハト食品工業とタッグを組んで、「なめがた おいもファーマーズヴィレッジ」を建設中だ。閉校となった小学校の校舎や校庭をリニューアル利用し、農産物直売所、焼きいも実演販売、カフェ、「甘藷ミュージアム」などが入る〝サツマイモのテーマパーク〟にしたいと、２０１５年秋のオープンをめざしている。

焼きいも早わかり

焼きいものおいしさ 3要素

Ⅰ
食感
おいしさ割合
約40%

- しっとり感や口どけ
- 温度や舌触りの良さ
- でんぷんの質や量

ほくほく系
しっとり系
ねっとり系

Ⅱ
甘み
おいしさ割合
約40%

甘みの成分

- 麦芽糖（マルトース）…水アメの成分
- ショ糖（スクロース）…砂糖の成分
- ブドウ糖（グルコース）
- 果糖（フルクトース）

Ⅲ
風味
おいしさ割合
約20%

- 香ばしい焼きいもの香り
- 栗のような香り
- カボチャまたはニンジンのような香り

3要素の
味のバランス！

（作成／山田英次）

おいしい焼きいもができる仕組み

温度と甘みには深い関係がある。サツマイモの内部が65℃～75℃になる時間帯を長くし、60分くらいかけて焼くとおいしく焼ける。

加熱
イモの周囲から200℃～250℃で加熱。
時間
60分くらいかけてじっくり焼く。
ビタミンC
焼いてもビタミンCの残存率は約70～80%。
重量が減る
産地や品種、貯蔵期間により異なるが、焼くことで水分が抜け、重量は約15～30%少なくなる。
電子レンジ加熱
マイクロ波という電磁波により、イモ内部の水分子を振動させて急速に加熱するので甘みは少ない。
イモの内部の温度域
甘みが増す温度域65℃～75℃(イモの中心部の温度)が長いことは重要。

焼き方いろいろ

石焼きいも
サツマイモを小石の中で焼く、戦後に登場した焼き方。リヤカーや軽トラックなど、移動ができる屋台での販売方法は、今もファンが多い。

つぼ焼きいも
昭和初期に登場。つぼ型の釜の中にサツマイモをつるして、熱い空気で焼く。

釜焼き
江戸・明治・大正期の焼きいも屋のスタイル。かまどに浅い平釜をかけ、イモを「切り焼き」にしたり、「丸焼き」にした。

(作成/山田英次)

海外焼きいも事情

**焼きいもがあるのは日本だけ？
いえいえ、世界を見渡すと、サツマイモ生産国には
焼きいもの文化があり、
街角では焼きいもが販売されています。**

アメリカ

最近のアメリカのサツマイモ生産量は日本より多く、世界第6位。カロテンが多いオレンジ色のねっとり系のイモが人気で、その栄養的側面から健康食として見直されている。オーブンでベイクドポテト風に焼いて食べることが多く、11月の感謝祭で七面鳥の丸焼きの付け合せに必ず添えられる。

アメリカでは肉料理の付け合わせとして焼きいも

（写真提供／ベーリ・ドゥエル）

中国河北省の石家荘市では壺焼きの焼きいもを販売

中国

世界第1位のサツマイモ生産国で、世界の約80%以上を生産する。都市の街角には、自転車で引くリヤカーに焼き釜を乗せた焼きいも屋が走っている。屋台の焼きいももある。留学経験のある中国人女性が、海外の高い加工技術を取り入れ、最高級のサツマイモを開発してオリジナルブランドを起ち上げ、焼きいも業界に進出して大成功したそうだ。

台湾

おどろくほど焼きいも文化が発展している。国内7千店以上のコンビニでの焼きいも販売をリードしているのは、最大手の「瓜瓜園《ぐわぐわえん》」。それまでは街頭での移動販売が主流だったが、2001年に冷凍焼きいもを開発。夏場でも衛生的で品質がよい焼きいもが食べられるようになった。

韓国

日本と同じく冬場は焼きいもが人気。移動式の屋台で売っている焼きいもを買ってきて、キムチと、お茶と一緒に食べるという。

ベトナム

サツマイモ生産量第5位。街角に焼きいもの屋台があり、七輪等で焼いて売っている。

インドネシア

サツマイモ生産量第4位。西ジャワ州のサツマイモ「チレンブ（cilembu）」を使った焼きいもは糖度が高く、とても人気があるという。

インド

サツマイモ生産量第7位。移動販売式の屋台があり、店の人が焼きいもの皮をむいて小さく切り、マサラやレモン汁、またはライム等をかけてくれる。

焼きいも人物伝

全国の産地から届くいろいろな味わいのサツマイモを、
1年中楽しめる時代になっています。
焼きいもファンが増えるにつれて、
サツマイモの産地も活気が出てきて、
流通・小売りスタイルに大きな変化も起きています。
焼きいもイノベーションに取り組んでいる
4人に話を聞きました。

浅草で営む老舗のサツマイモ問屋

―― ㈱川小商店会長
齊藤興平さん

東京・浅草で五代続く甘藷問屋の川小《かわこ》商店は、1876（明治9）年の創業。明治、大正、昭和、平成と、140年近くにわたってサツマイモ一筋の老舗だ。現在は会長職にある三代目の齊藤興平さんに、川小商店の歴史、焼きいもの歴史を聞いた。

サツマイモのおいしさを引き出す
和風スイーツを製造販売

川越から来た小平治の店

生家が旧川越藩領内の地主だった、初代・齊藤小平治は、サツマイモ農家の役に立ちたいと、川越から舟運ルートのある隅田川沿いの浅草・駒形にサツマイモの問屋を開いた。川越から来た小平治の店「川小商店」を屋号とし、良質のイモを扱う問屋として次第に信用を得ていった。

江戸時代から庶民のおやつとして喜ばれていた焼きいも。明治後期から昭和初期にかけて、東京には2千軒以上もの焼きいも屋があったという。1935(昭和10)年、川小商店は12か所の甘藷売捌所(=支店)をもち、産地の農家から良質のサツマイモを仕入れて、焼きいも屋に卸していた。

大切なことは農家との信頼関係

1950年代になると、リヤカーでの石焼きいも販売が大ブームとなった。売り子は新潟や青森の農家から、冬場に出稼ぎにやってきた人が多く、焼きいも販売の道具一式と材料、宿舎などは親方が用意していた。しかし焼きいもブームは1960年代以降、次第に下降線をたどっていく。

川小商店三代目を引き継いだ興平さんは、経営路線を転換し、小売り・加工分野にも進出することにした。現在では「おいもやさん」の屋号で、大学いも、スイートポテトなどのスイーツを主力商品に、首都圏で13店舗の直営店を運営。川小商店五代目は、息子の浩一さんが継いでいる。

商い方法は変化しても、「商売はおいもの生産農家との信頼関係ができてはじめて成り立つ」という、創業以来の信念をかたく守っている。

1年中おいしい焼きいもを食べてもらいたい

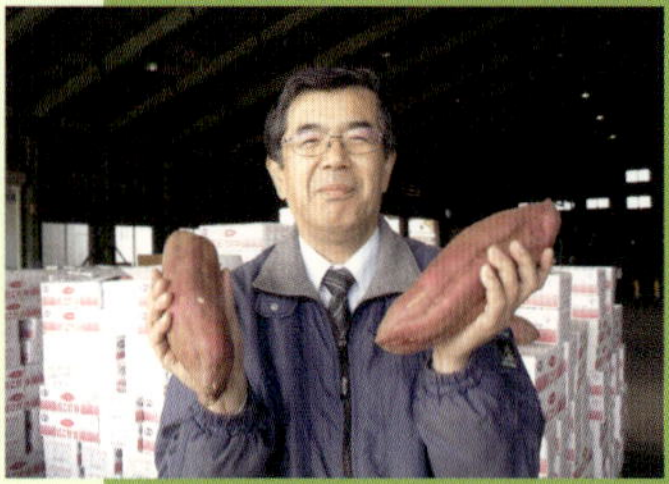

―― なめがた農業協同組合（JAなめがた）専務理事
棚谷保男さん

サツマイモの生産量全国2位の茨城県。
消費者目線のきめ細かな販売法で
全国から注目を集めているJAなめがた。
1年中おいしい焼きいもを届けたい。
そのためにはどうしたらいいか。
棚谷保男さんは、JAなめがたの
焼きいも用サツマイモの販売を引っ張ってきた。

1週間で3万ケースを販売

農協の職員となって3年目の1975年、サツマイモ担当となった棚谷さんは、「これからはサツマイモの時代だ」と、サツマイモでの地域おこしに取り組み始めた。はじめは農家の反発もあった。サツマイモはあくまで葉タバコの間作でしかなかったので、農家は半信半疑だったのだ。棚谷さんの販売努力が少しずつ実りはじめ、賛同する農家の生産量がのびてきた2000年のこと、全国展

おいしい焼きいものために、
JA施設に焼きいもオーブンを設置

開する大型量販店から、10月13日の「サツマイモの日」にちなんだ特売をやりたいという商談が舞い込んだ。大型量販店では、東京の大型市場や他のＪＡにも掛け合ったが、「この時期に大量のイモを用意するのは無理」と断られた末での引き合いだった。

そこでＪＡなめがたでは、13という数字にこだわり、13本詰め＝１３００円のサツマイモを出荷。1週間で3万ケースを売り上げた。「この成功で生産者の意識が大きく変わりました。消費者に喜ばれるものを出荷したい、そのためにはどうしたらいいかと研究するようになったのです」と、棚谷さんは語る。

パリで焼きいもを売りたい

それからのＪＡなめがたの躍進はＰ34～37を読んでもらうとして、棚谷さんの姿勢を一言でいうと、ピンチをチャンスにかえてきたことだ。収穫期に雨が多く、イモが傷んだことがきっかけになってキュアリング貯蔵を開始。スーパーマーケットで焼きいもが売れないとなると、徹底的に原因をさぐり、品種の品質によって出荷時期をずらすことでクリアできることがわかった。消費者の好みも徹底的に調査した。努力の成果は、数字にもはっきりと表れるようになり、２０１３年のサツマイモの販売金額は23億円にもなった。

「焼きいも用のイモを売るだけでなく、焼きいもについてのノウハウごとスーパーマーケットに提供しています」と語る棚谷さんの夢は、フランスのパリで焼きいもを売ること。そのイモはもちろん、ＪＡなめがたの生産者がプロの技術を生かしてつくったサツマイモだ。

焼きいものノウハウを親身になってアドバイス

── ㈲なるとや
西山隆央さん

大阪府茨木市の中央卸売市場で、青果卸売販売業を営んでいた、西山隆央さんは、廃業する京都の人気焼きいも店から焼きいも釜を譲り受け、市場内で焼きいも店「なるとや」を開店した。もともと青果としてサツマイモを扱い、イモの選び方を熟知していたことから、おいしい焼きいも屋さんとして人気店になった。

焼きいもの味を毎日チェック

徳島県の「なると金時」（高系14号）をメインに、大分県の「甘太くん」（べにはるか）、熊本県の「クイックスイート」など、全国各地からおいしいと評判のイモを仕入れて焼き、食味評価とチェックを毎日欠かさず行った。「冷めてからおいしい」のが本当の焼きいも、という考えから、朝焼いたものを夕方、家に持ち帰って味見し、さらにもう一日寝かして冷蔵庫で冷やして味をチェックした。

焼きいもビジネスの相談に訪れる人も多い

素人でもおいしく焼けるよう、シンプルで丈夫な電気式焼きいも機の製造をメーカーに依頼し、遠赤外線オーブン「プティ・ジョワ（フランス語で小さな喜び）」が完成。５年前から始めた、なるとやの焼きいも販売システムを導入した店舗で使ってもらっている。

これからは焼きいもコンサルタントとして

焼きいもの「なるとや」では16年間にわたって行ってきた、焼きいもの製造・販売に加えて、今では〝焼きいもコンサルタント〟活動により力を入れている。

「数年前から、焼きいも屋をはじめたいという相談が、全国各地のいろいろな業種の方からくるようになり、焼きいもビジネスについてアドバイスするようになりました。イモの知識がなくても、当方のノウハウやアドバイスによって成功する方が増えています」と、西山さん。

道の駅、ＪＡ直売所、コンビニ、さらには喫茶店、パン屋、コインランドリーなどで、プラスアルファのサイドビジネスとして、焼きいもを焼いて販売するところが増えている。

焼きいもはとてもすぐれた健康食品。だからこそ、焼きいもの魅力をもっと伝えたい。西山さんは全国各地から焼きいもについての問い合わせがあると、親身になって相談に応じている。

沖縄では焼きいもを冷たくして食べる

―― ㈱たるたる亭沖縄
森園弘さん

1年中でいちばん焼きいもを食べたくなるのは
どの季節ですか？
それは冬、という答えが多そうだが、
沖縄では焼きいもがもっとも売れるのは6〜9月。
暑い季節なのだ。
焼きいもを買ってきたら冷蔵庫で冷やし、
スプーンですくって食べるのが普通だ。
冷凍庫に入れてシャーベット状に
なったものもおいしいという。

沖縄ではとろけるような焼きいも

1年を通して最低気温が15℃以上の南国沖縄では、温かい焼きいもを食べることはほとんどない。なので、冷めると固くなるほくほく系のサツマイモは敬遠され、とろけるようにねっとりした味が好まれる。

鹿児島市で惣菜店を開いていた森園弘さんは、沖縄県最大のスーパーチェーン㈱サンエーからの

沖縄に行ったら
大手スーパー・サンエーの
焼きいもを

引き合いがあって、沖縄に出店したものの一向にもうからない。するとサンエー側から、サツマイモの大産地・鹿児島のイモを使って、焼きいもをつくったらどうかとの提案があり、それならと、高系14号の選抜系統である鹿児島の代表的品種「紅さつま」を仕入れて、焼きいも販売をスタートさせた。しかし、紅さつまは水分が少なくでんぷん価が高い、ほくほく系のイモだ。売れずに賞味期限切れとなった焼きいもで、返品の山ができてしまった。

県内63店舗で販売

沖縄の人の焼きいもの好みは「ねっとり系」、と聞き知った森園さんは、必死になって焼きいも用のイモを探し始めた。沖縄ではゾウムシの虫害が多いことから、他県のイモが使われている。そこで茨城県産のねっとり系のサツマイモを仕入れることができて、ようやく焼きいも加工・販売が軌道に乗った。

現在、㈱たるたる亭沖縄の焼きいも工場では、毎日1トン以上の焼きいもをつくり、サンエーの全店舗63店の野菜売り場に並べている。さらには、台湾のねっとり系のイモを焼いて加工し、「黄金蜜芋」というブランドで販売している。

「60歳を過ぎて、活路を見いだせたのは、焼きいもに向くサツマイモを探す過程で出会った方とのご縁と、長い目で見てくれたサンエーさんのおかげです」と、森園さんは語る。沖縄に行ったら、たるたる亭沖縄の焼きいもを食べてみたい。

Column

おいもで、世界と、つながろう

茨木宙《そら》いもプロジェクト

大阪と京都の中間にある住宅街・茨木市では、「おいもで、世界と、つながろう」をキャッチフレーズに、サツマイモによる町おこしを行っている。

きっかけは、町おこし委員に加わっていた、なるとや(P46〜47参照)の西山隆央さんが、サツマイモによる町おこしを提案したことだ。サツマイモは子どもからお年寄りまでだれにでも親しまれるヘルシーな食材であり、農業体験や食育活動を通して、異世代のコミュニケーションを図ることができる。さらには、商店とタイアップして商品を開発して、多くの市民に楽しんでもらうことができると、全員一致で採択された。

宇宙ステーション内での栽培研究も行われている作物であり、地球の食糧危機を救う作物だといわれているサツマイモ。そこで、「宙《そら》いもプロジェクト」と命名し、商工業者、農家、市民、学生などが連携して、2012年春にスタート。市内にキャンパスのある追手門学院大学、梅花女子大学も特別協賛として参加した。

市民サポーターを募って、1口3000円で市内の農家の「宙いも畑」の共同オーナーになり、植え付けや収穫祭、焼きいも大会などのイベントを楽しむ。さらには、店舗サポーターとなった市内の商店の協力で、サツマイモを使ったケーキやドーナツ、パイ、まんじゅうなどを作って商品化。2014年5月、市役所スカイレストランでは「イモいもランチ」も登場した。茨木市を「元気で楽しい〈宙いもの町〉」にしようと、市民の輪が広がっている。

(写真提供/茨木宙いもプロジェクト)

第3章
サツマイモ畑から

焼きいもは正直者。
おいしいサツマイモがあって始めて、
おいしい焼きいもになるのです。
ほどよく甘く、
食味いろいろのサツマイモは、
どんな畑でつくられているのでしょう。

生産

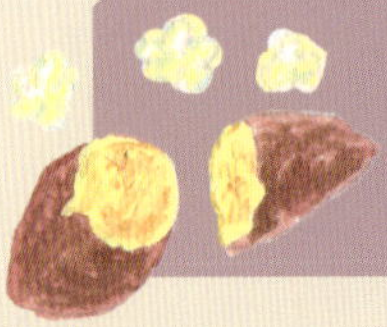

サツマイモ クイズ

サツマイモは不思議な作物です。地面をはってつるが伸び、
畑からはみ出るように葉がしげり、地下ではイモが太く大きく育ちます。
では、花は咲くの？　ジャガイモとはどこが違うの？

Q 種をまくの？ それともイモを植えるの？

A 種をまくのでも、イモを植えるのでもありません。種イモから苗を育て、苗が25〜30㎝になったら切りとって、畑に植え付けます。

Q 花は咲くの？

A サツマイモはアサガオやヒルガオと同じ仲間で、花が咲きます。熱帯、亜熱帯では、小型のアサガオのような、薄いピンク色の花がよく咲きます。わが国では、亜熱帯の沖縄なら見ることができますが、九州以北ではなかなか見ることができません。

Q サツマイモとジャガイモ、サトイモはどこが違うの？

A サツマイモは根が太ったイモ（塊根《かいこん》）ですがジャガイモは地下で別れた特殊な茎が太ったイモ（塊茎）、サトイモは茎自身が太ったイモ（球茎）です。

サツマイモ

ジャガイモ

Q 秋の味覚のサツマイモ。収穫は必ず秋ですか？

A サツマイモは9月下旬から11月中旬に収穫されるのが一般的ですが、6月になると、宮崎県や鹿児島県、高知県などから早掘りのイモが出荷されます。5月中旬から出荷される、ハウス栽培の超早掘りイモもあります。

Q 食べるところはどこ？

A 養分をたくわえて、太って大きくなった根＝塊根《かいこん》を食用にします。葉や茎（つる）も食材になります。沖縄ではサツマイモのつる先（葉や茎を含む）を「カンダバー」と呼んで、炒めものや雑炊によく使います。

Q 芋焼酎はどうやってつくるの？

A サツマイモを蒸してから粗く砕く→米に麹菌を加えた米麹と水と酵母を合わせてアルコール発酵させて「もろみ」をつくる→熟成させたもろみに、サツマイモを加えて発酵を進める→発酵が進んだもろみを沸騰させ、発生した蒸気を冷ます（＝蒸留する）と、芋焼酎のできあがりです。

Q 買ってきたら冷蔵庫に入れるの？

A サツマイモは熱帯植物なので、寒さに弱く、10℃以下のところに置くと傷んでしまいます。冷蔵庫に入れるのは厳禁！ 台所の片隅など日が当たらないところで保存しましょう。寒い地域では新聞紙に包んで、発砲スチロールの箱に入れておくと安心です。

※秘密のワザ：掘りたてのイモに限っては、2週間ほど冷蔵庫に保存して甘みを増やすというプロのワザがあります。くれぐれも入れっぱなしにしないこと。

Q 実はなるの？

A サツマイモの花は、「自家不和合性」という性質を持っているため、同じ株の花同士では実（種）をつけません。サツマイモは種から育てることもできますが、親と同じサツマイモにはなりません。

Q 日本一たくさん食べる市町村はどこ？

A 総務省統計局の「家計調査通信」（平成24年10月15日発行）によると、2009〜2011年平均の1世帯あたりサツマイモ購入数量は、①徳島市 ②浜松市 ③新潟市 ④熊本市 ⑤鹿児島市となっています。徳島市の購入量5733gは、全国平均3074gの約1.9倍です。

おいしいサツマイモができるまで

初夏のころに植え付けてから、梅雨の長雨、真夏の太陽を受けてたくましく育ち、
秋に収穫の恵みをもたらしてくれるサツマイモ。
養分が少ないやせた土地でも育ち、あまり手がかからない
作物といわれますが、農家ではさまざまに工夫しながら栽培しています。
おいしいサツマイモはどのようにしてできるのでしょう。

1 種イモを用意する

病害虫におかされていない200～300gの健康なイモを用意し、消毒と、芽を早く出させるために、48℃のお湯に40分浸す。

健康なサツマイモを種イモにする

2 伏せこみ

種イモに芽を出させるために、ハウスの中で、種イモの尾部を下にして横向きに並べ、数センチの土をかけ、水をたっぷりまく。

3 芽が出て育つ

種イモの先端部から、次々に芽が出てくる。

種イモから出た芽を苗にする

4 切りとって苗にする

品種とハウス内の温度によるが、芽が出てから40日前後で、苗が25～30cmになり、葉が7～8枚ついてくるので、はさみやナイフで切りとって苗にする。

※写真提供:茨城県行方地方農業改良普及センター

苗づくりにはいろいろな方法がある・・・

- ウイルスフリー苗を購入し、再育苗して、苗を増やす方法もある。
- 種イモを直接、畑に植え付けてそのまま育てる方法もある。
- 家庭菜園では、ウイルスフリー苗を園芸店で購入して栽培する方法が一般的。

サツマイモ プロフィール

【分類】ヒルガオ科サツマイモ属
【学名】*Ipomoea batatas* (L.)Lam.
【英語名】sweet potato
【原産地】メキシコからペルーにかけての熱帯アメリカ
【世界への伝播】❶クマラ・ルート…紀元前から1500年以上の年月を経て、南米から南太平洋の島々に伝わった。
❷バタータス・ルート…1492年にコロンブスが新大陸に到達して以降、ヨーロッパを経て、アフリカ、インド、中国に伝わった。
❸カモテ・ルート…16世紀にスペイン人によって、メキシコからグアムを経由しフィリピンに伝わった。
【日本への伝来】1605(慶長10)年、琉球の野《の》國《ぐに》總《そう》管《かん》が中国・福建省から持ち帰って栽培が始まった。

その後、琉球から薩摩(鹿児島県)に伝わったことから「サツマイモ」と呼ばれるようになった。

【いろいろな呼び名】甘藷(かんしょ)、唐芋(とういも、からいも)、琉球芋(りゅうきゅういも)
※沖縄本島では、「イモ」の意味である「ウム」「ンム」と呼ぶ
【生産国ランキング(2008年)】①中国　②ナイジェリア　③ウガンダ　….⑧日本

畑の準備

1 畑の選び方

サツマイモは土壌中の養分を吸収する力が強いので、他の作物は育たないようなやせ地でもよく育つ。水はけがよくて、日当たりのよい畑がベストだ。

2 土づくり

通気性と水はけがよくなるように

畑をよく耕す

↓

完熟堆肥または米ぬか、化成肥料などの元肥をまく

※化成肥料はカリ成分の多いものを選ぶ

サツマイモこぼれ話❶
"芋神様"青木昆陽

教科書にものっている青木昆陽は、江戸時代、関東一帯にサツマイモの栽培を広め、飢えに苦しむ人々を救ったことから、千葉市幕張の昆陽神社に"芋神様"として祀られている。芋神様は昆陽だけではない。静岡県御前崎市・海福寺の大澤権右衛門、島根県太田市・井戸神社の井戸平左衛門正明、鹿児島県指宿市・徳光《とっこう》神社の前田利右衛門など、全国各地にサツマイモ普及の業績を伝えるお宮や碑は多い。

3 うねづくり

土の排水性をよくするために、うねは、土を高めに盛り上げることが多い。
うねをつくったら、ビニールマルチを張る。

※写真提供:茨城県行方地方農業改良普及センター

栽培ごよみ

参考:『サツマイモ栽培観察授業指導教本』(いも類振興会)、『そだててあそぼう3 サツマイモの絵本』(農文協)

植え付け

苗を植える

苗の生育状態などに応じて、いくつかの植え付け法がある。植え時は、九州・西日本は４月下旬～６月下旬、関東・東日本は５月中旬～６月中旬、東北は５月下旬～６月上旬。

サツマイモの植え方

イモは葉のつけ根から出た根が肥ったものなので、横に寝かせて植えるほうがたくさん収穫できる。

サツマイモこぼれ話❷

安納芋のファン急増

蒸しいもや焼きいもにすると蜜が出るほど甘く、ねっとりした食感で、冷やすとアイスクリームのように食べられると、全国的に人気急上昇中の安納芋。鹿児島県南部の島・種子島の安納地区で栽培されてきたイモで、1998年、皮が紅色の「安納紅」と、淡い褐色の「安納こがね」が品種登録された。中身はどちらもオレンジがかった黄色で、加熱するとより鮮やかな色になる。現在では栽培が全国各地に広がっている。

吸収根で
養分や水を
吸い上げる
不定根が
肥って
イモになる

※写真提供：茨城県行方地方農業改良普及センター

サツマイモこぼれ話③

注目！ご当地イモ

アメリカ芋…明治期にアメリカからわが国に入ったので「アメリカ芋」と言われたが「七福」とも呼ばれた。東京都の新島・式根島などでは、今でも盛んに栽培されている。新島には、アメリカ芋で焼酎を造っている醸造所がある。

サイパン芋…本州最南端の和歌山県串本町で昔からつくられていたイモで、焼きいもにすると蜜が出るほど甘いと、知る人ぞ知る人気。

いもジェンヌ…新潟市の砂丘でつくられる「べにはるか」を、学生と連携してブランド化。おしゃれでサツマイモが大好きな女性をイメージしてネーミングした。

生育

1 つると葉がのびる

植え付けて40～50日間は、つるはあまり伸びないが、土の中ではイモが育ちはじめている。この時期に肥料をほどこすと「つるぼけ」になる。

「つるぼけ」とは？

サツマイモ栽培のコツは、肥料をやり過ぎないこと。窒素肥料を与えすぎると、地上部の茎葉だけがしげって、地下部のイモは大きくならない「つるぼけ」を起こす。土が硬かったり、高温で乾燥しすぎるときも要注意。

2 地面が葉でおおわれる

植え付け2か月後、伸びたつると葉で畑一面がおおわれる。生い茂った葉は雑草防止の役割もはたしてくれる。

真夏の太陽のもと、地下ではイモが大きくなる

3 土の中でイモが肥る

サツマイモは手間がかからない作物。土の中でイモが生育するのを待つ。

サツマイモこぼれ話④ 茎や葉も利用できる

サツマイモの葉は、あくが強く、苦味があることから、これまで野菜としては使いにくかったが、食物繊維量が多く、ビタミンやミネラルなどの栄養成分を豊富に含んでいる。そこで、あくや苦味がなく、茎や葉を食べられる品種「すいおう」（2004年登録）が開発された。緑色の葉にはポリフェノールが豊富に含まれているので、野菜として調理するだけでなく、青汁やお茶、パウダーなど利用範囲は広い。このほか、葉柄専用品種「エレガントサマー」（1998年登録）もある。

サツマイモは日本の気候に合った作物

植え付け後1か月間は水がなければ、苗から出た根がイモに生育しにくい。日本ではちょうどこの時期は梅雨になる。その後、真夏になると降水量が少なくなるが、日照時間が長いほどイモが大きくなる。梅雨の湿気と真夏の好天、九州から南東北の気候はサツマイモの生育に向いている。

サツマイモの病害虫

コガネムシの幼虫、サツマイモネコブセンチュウなどの被害があるが、葉菜や果菜などの野菜と比べると、病虫害の発生する心配は少ない。

コガネムシの幼虫はイモをかじって穴をあける

サツマイモこぼれ話5

宇宙食にサツマイモ

NASA(アメリカ航空宇宙局)では、サツマイモに着目し研究を行っている。近い将来、人類が宇宙に長期間滞在するようになると、食料は自給自足しなければならない。栄養成分がバランスよく含まれ、葉や葉柄も食べることができ、土がなくても水耕栽培で育てられるので、宇宙ステーションの栽培作物に向くというのがその理由だ。あなたも宇宙で焼きいもを食べる日がやってくるかもしれない。

収穫

収穫のめやす

茎や葉が黄色くなり始めると収穫時期。めやすは植え付け後４～５か月で、九州では９月下旬～ 11 月下旬、関東では 10 月上旬～ 11 月上旬。イモを貯蔵する場合は、初霜の前に収穫を終わらせる。例外として、５月中旬に収穫される超早掘りハウス栽培もある。

収穫の手順

つるを切る → マルチをはぐ → 掘り取る → 3～4日陰干しする

収穫後の「貯蔵」は P70 ～ 73 参照

大型機械を使って収穫作業

収穫を待つサツマイモ畑（茨城県・渋谷信行さんの畑）

全国サツマイモ産地マップ

※〈　〉はブランド名、【　】は伝統品種または希少品種
〈作成／山田英次〉

生産量ランキング（2011年度統計）

1. 鹿児島県…35万トン　紅さつま(高系14号)、べにはるか、コガネセンガン、安納芋 など
2. 茨城県……16万5千トン　ベニアズマ、べにはるか など
3. 千葉県……11万6千トン　ベニアズマ、べにはるか など
4. 宮崎県………7万2千トン　宮崎紅（高系14号）、ことぶき（高系14号） など
5. 熊本県………2万7千トン　ほりだしくん（高系14号）、べにはるか など
6. 徳島県………2万5千トン　なると金時（高系14号） など

生産者インタビュー

サツマイモ つくっています

私たちが大好きなサツマイモはどんなところで、
どんな人たちがつくっているのでしょう。
おいしいイモをつくるために、どんな工夫をしているのでしょうか。
サツマイモ生産者の茨城県行方市・渋谷信行さん、
鹿児島県南九州市・朝隈一寛さんに話を聞きました。

JAなめがたのサツマイモ生産を引っぱる

── 茨城県行方市
渋谷信行さん

サツマイモで地域おこしを

渋谷信行さんの家では、葉タバコを中心に農業を営んでいた。しかし、周囲の農家は次々に葉タバコ栽培をやめ、勤め人となっていく同級生の姿を見ながら、模索の日々が続いた。

家族総出でサツマイモの収穫作業

大きな転機が訪れたのは農協でサツマイモの栽培に本格的に取り組むようになったことだ。

霞ケ浦と北浦にはさまれた台地は、温暖な気候に加えて水はけがよいのでサツマイモの栽培に向いている。今までは脇役としてつくっていたサツマイモを主役にして、地域おこしをやろう。JAなめがたでは「甘藷部会連絡会」を立ち上げ、生産者と協力しながら、サツマイモの栽培・貯蔵法だけでなく、消費者においしいイモを届ける研究に打ち込んだ。そして10年ほど前からは、焼きいも用イモを中心に生産するようになり、売上高を伸ばしている。

焼きいもには小ぶりのイモ

渋谷さんはサツマイモをつくって40年。現在は奥さん、息子夫婦とともに、8ヘクタールの畑にサツマイモを植えつけ、年間200トン出荷している。

大きなイモをつくって一度に掘り出すほうが作業がラクで、出荷量も上がる。しかしスーパーで販売する焼きいもには向かない。そこで、苗と苗のあいだをせまくすることで、小ぶりのイモをたくさん収穫できるよう工夫している。

「消費者においしいイモを届けたい。そのために生産者全員で取り組んでいます」と、甘藷部会連絡会の会長を務める渋谷さん。JAなめがたのイモの評判をよくしたい一念から、出荷時期を守ろう、規格を守ろうと生産者に呼びかける。渋谷さんは、およそ300人の生産者の意見の取りまとめ役として、サツマイモによる地域おこしの先頭に立っている。

サツマイモ産地のイモづくり名人

―― 鹿児島県南九州市
朝隈一寛さん

畑ではサツマイモが収穫を待っている

4種類のイモをつくる

鹿児島中央駅から車で1時間半、薩摩半島南端の南九州市は、県内でもとくにサツマイモと茶の生産が盛んで、全国の農作物収穫量市町村別ランキングでは、両方とも全国一を誇っている。薩摩富士と呼ばれる開聞岳を遠景に、茶畑とサツマイモ畑がまじりあいながらどこまでも広がる。

同市知覧町の朝隈一寛さんは、勤め人をやめて家業の農業を継ぎ、サツマイモづくりに取り組んで30年。東京ドーム2つ分に相当する9ヘクタールの畑に、鹿児島県特産の「紅さつま」、掘り取り直後から糖度が高い「べにはるか」、さらには加工原料用の「アヤムラサキ」、「コガネセンガン」の4品種をつくっている。「アヤムラサキ」は皮も中身も鮮やかな紫色で、アントシアニンが豊富なことから、スイーツ向けのパウダーやジュースなどの原料や食品着色料として用いられ、「コガネセンガン」は鹿児島特産の芋焼酎の原料となる。

植え付け前には重機で天地返しを行う

大玉づくりの名人

朝隈さんは取引先の流通業者や加工業者から「大玉づくりの名人」といわれている。形がそろい、味にコクがあるだけでなく、ほれぼれする大きさだからだ。サツマイモ栽培のコツを聞くと、「苗づくりと土づくりです。とくに土づくりにはこだわっています」という答えが返ってきた。

薩摩半島は火山灰地なので水はけがよく、サツマイモ栽培に向いている。朝隈さんは地力を最大限に引き出すため、牛糞を発酵させた堆肥を入れ、植え付け前には、畑を深く掘って上下の土を入れ替える「天地返し」を行っている。

大玉づくりのポイントは、間隔をとって植えることだという。大きさごとに出荷先を開拓し、「紅さつま」と「べにはるか」の大玉は生鮮野菜として、中玉は焼きいも用に、小玉は惣菜用として出荷している。品質のよいイモをつくる栽培技術と、出荷先まで考えて販売する営業力が朝隈さんのサツマイモづくりの特徴だ。

サツマイモの保存法とは

収穫後にワザあり

1年を通して甘くおいしいサツマイモを提供するために、
収穫後の「キュアリング処理」と
「定温・定湿」貯蔵技術が注目されています。
JAなめがた(P34〜37)が開発した方法を中心に、
1年中おいしいサツマイモを出荷するための
ワザを見てみよう。

収穫したら「キュアリング処理」

サツマイモにコルク層?

キュアリング処理の「キュア(cure)」は、「治療する」「傷を治す」という意味がある。サツマイモには、表皮のすぐ内側にコルク層がある。といっても、ワインの栓のような厚いものではなく目に見えないほど薄い層なので、収穫のときなどに、イモの表皮に傷がつくとコルク層がはがれ、病原菌が入りやすい。ということは、コルク層を増やせば貯蔵中に傷みにくい。そこで収穫したサツマイモを高温多湿のサウナ状態の中に置くことで、傷口に新たなコルク層をつくる。これがキュアリング処理という技術だ。

収穫したサツマイモはキュアリング施設に運び入れる

温度32℃湿度90％に4日間

サツマイモのコルク層は、収穫直後の新鮮なイモほど形成されやすい。そこでＪＡなめがたでは、掘り上げたイモを畑からそのままＪＡのキュアリング処理施設に運び、蒸気ボイラーで温度を上げ、温度32℃湿度90％以上の状態で4日間寝かせて、コルクのバリアをつくるキュアリング処理を行っている。

ＪＡなめがたが、この方法に取り組んだきっかけは、種イモが土壌菌に侵され、生育したサツマイモが黒く変色してしまう黒斑病対策だった。翌年に植える種イモが黒斑病におかされてしまい、大きな被害が出た年があり、種イモをキュアリング処理して保存することにした。その後、出荷用のイモにも大きな効果があることがわかり、定温・定湿保存と組み合わせて、長期間保存できる技術を開発することになった。

JAなめがたのサツマイモ貯蔵施設

定温・定湿貯蔵しているので1年を通して出荷できる

大谷石造りのコメ倉庫を改造してサツマイモ貯蔵庫に

【定温・定湿で長期貯蔵】

土の中と同じ環境に

サツマイモは熱帯性の植物なので、低温貯蔵では腐ってしまう。秋に収穫した後、長期間貯蔵するには、冬場は10℃以上に保ち、春から夏は15℃以上にならないようにする必要がある。JAなめがたでは、焼きいも用のサツマイモの人気が高まるにつれて、冬にも出荷するようになったが、2004年冬、大量のイモが低温障害のために腐ってしまった。

そこで、コメの貯蔵庫として使っていた大谷石の倉庫にサツマイモを貯蔵。翌年の2005年の冬は記録的な寒さだったが、分厚い大谷石の壁が寒さからイモを守り、腐敗しなかった。

しかし春になり、貯蔵庫内の温度が15℃以上になると芽や根が出てしまい、商品とはならなくなった。

そこで2008年、JAなめがたでは、キュアリング処理した後、温度13℃湿度90％で貯蔵できる大型の定温貯蔵庫を建設。この環境は、土の中の環境と同じなので鮮度を保持できるのだ。冬は暖房、春から夏は冷房しながら、加湿器で湿度を保ち、新イモが収穫期となる9月ごろまで出荷できるようになった。

時期をずらして一年中出荷

6月になると、鹿児島県や宮崎県産の新イモが関東の青果市場に届くようになる。そこでJAなめがたでは、長期貯蔵したイモと新イモで焼きいもをつくり、食べ比べを行った。その結果、サツマイモの味は貯蔵期間によって大きく違うことがわかった。紅こがね（品種名はベニアズマ）などでんぷん含量の多い品種は、貯蔵によって甘く、ねっとりした味になる。新イモより定温・定湿で貯蔵したイモのほうがはるかにおいしいのだ。

この結果から、イモをタイプ別に時期をずらして出荷すれば、新イモの焼きいもよりずっとおいしいことを実証。JAなめがたでは、キュアリング処理と定温・定湿貯蔵を組み合わせることで、焼きいも用のサツマイモを周年で出荷している。

JAなめがたのサツマイモを全国に出荷

食味変化イメージ表

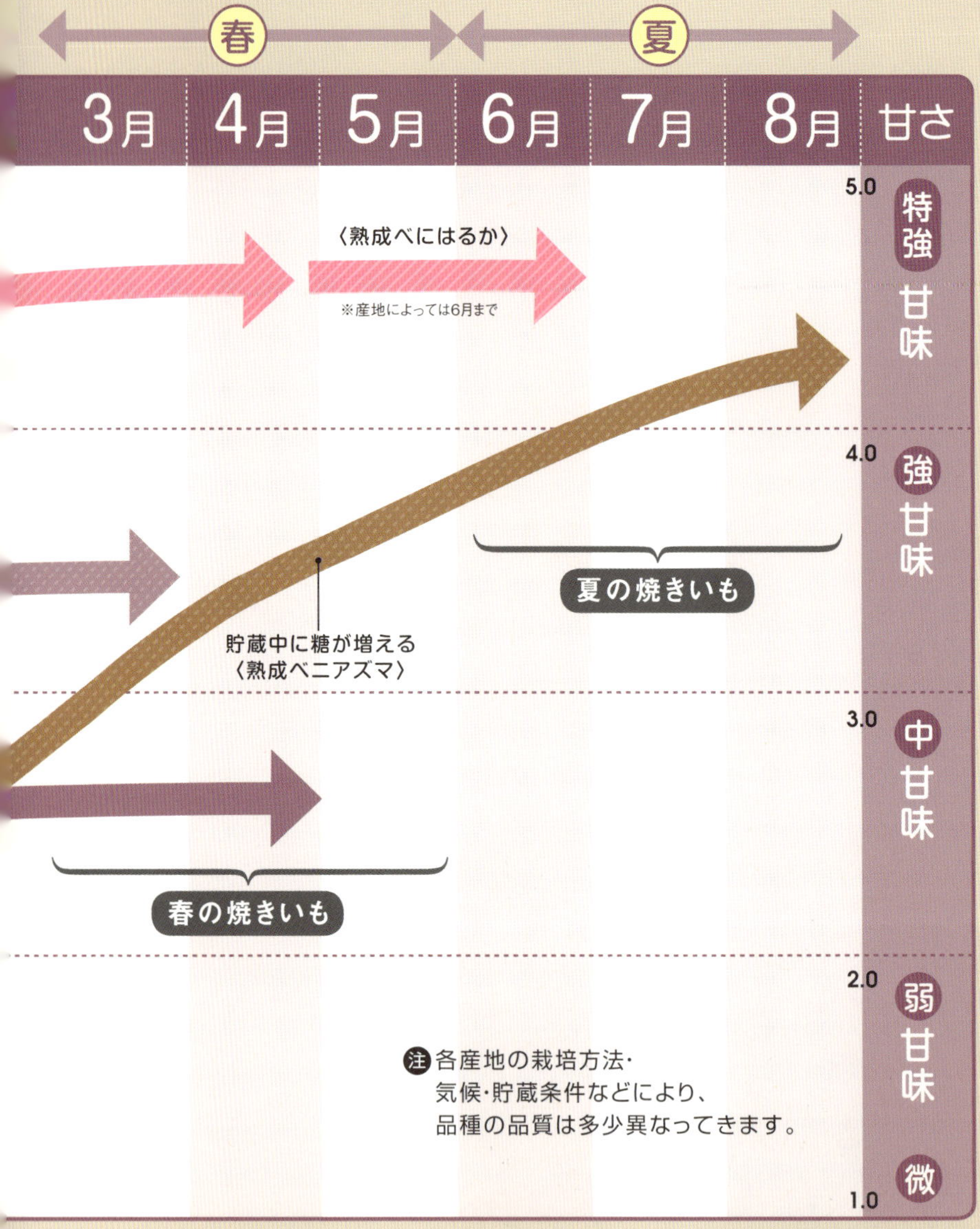

数字は5段階の相対評価　〈作成／山田英次〉

季節別 焼きいも品種の

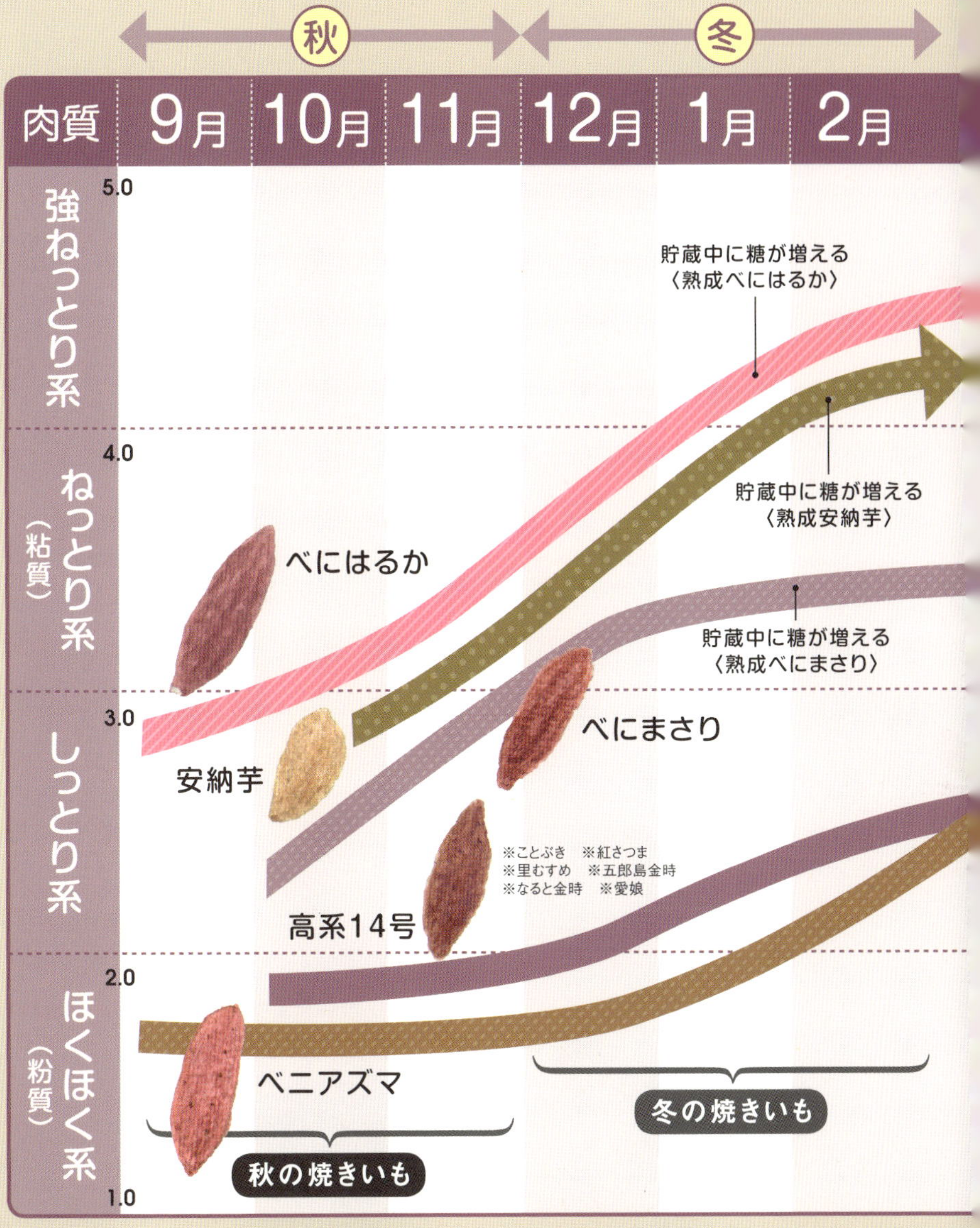
秋
冬
肉質
9月
10月
11月
12月
1月
2月
強ねっとり系
ねっとり系（粘質）
しっとり系
ほくほく系（粉質）
5.0
4.0
3.0
2.0
1.0
貯蔵中に糖が増える〈熟成べにはるか〉
貯蔵中に糖が増える〈熟成安納芋〉
貯蔵中に糖が増える〈熟成べにまさり〉
べにはるか
安納芋
べにまさり
高系14号
※ことぶき ※紅さつま
※里むすめ ※五郎島金時
※なると金時 ※愛娘
ベニアズマ
冬の焼きいも
秋の焼きいも

Column

江戸の昔から「おいもの街・川越」

埼玉県南西部の川越市は、小江戸を代表する街。古い蔵造りの街並みを歩くと、サツマイモのお菓子を看板商品にしている店が多いことに気づく。江戸の昔から、サツマイモといえば川越。「栗（九里）より（四里）うまい十三里」という、焼きいものキャッチフレーズが生まれたのもこの川越の影響だ。

武蔵野台地に広がる、川越藩領の村々でつくられるサツマイモは甘くて味がいいと、江戸時代の昔から「川越イモ」のブランドで知られていた。川越イモの栽培は、寛延4（1751）年、南永井村（現・埼玉県所沢市）の名主・吉田弥右衛門が、上総《かずさ》から種イモを取り寄せたのが始まりだと伝えられる。今も吉田家には、栽培開始の由来を記した古文書が残されており、地所内に「さつまいも始作地之碑」がある。

ところでサツマイモのおいしい食べ方といえば、昔も今も焼きいもだ。江戸の町に焼きいも屋が登場したのは、江戸時代中期の寛政（1789～1801）年間だといわれる。当時、砂糖は「超」がつくほど高価だったことから、焼きいもは庶民が手軽に味わえるスイーツとして大ヒット。大人も子どもも、冬のおやつといえば焼きいもだった。問題はトラックのない時代、重くてかさばるサツマイモを、江戸の町までいかにして運ぶか。川越には荒川支流の新河岸川が流れ、さいわいにも江戸に直結する舟運に恵まれていた。新河岸川の船着場で舟に積み込まれ、荒川、隅田川を経て、江戸の町に運ばれた。

時は過ぎ、近年までサツマイモの大産地として知られた川越一帯は、現在、首都近郊の生鮮野菜の供給地として重要な地位を占めている。

1984年、川越地方のサツマイモ伝統文化を保存するための市民活動を行うことを目的に、「川越いも友の会」が発足。10月13日を「サツマイモの日」とし、この日に市内の妙善寺で「いも供養」を行うなど、全国に向けてサツマイモの情報を発信している。

小江戸川越のシンボル「時の鐘」

いも供養は川越さつまいも地蔵尊の前で行われる

第4章

焼きいもの健康パワー

焼きいもはおいしく、ヘルシーな食品です。
「エネルギーはご飯と同じ」
「食物繊維が豊富」
「ビタミンCたっぷり」の
3つのキーワードで科学すると、
なるほど納得できました。

栄養・サイエンス

焼きいもの3つのパワー

甘くおいしい焼きいもは、毎日の健康をサポートする大きな力をもっています。その1つは、ご飯と同じように、一日に必要なエネルギーを摂取できること。焼きいもは甘いから太るというイメージがありますが、ほどよい甘さが引き出されていて、とてもヘルシーなのです。

2つ目は、焼きいもの食物繊維は、イモ類のなかでもっとも豊富であること。腸壁を刺激して便秘を解消し、うんちの量を増やしてくれるので、健康のために焼きいもは欠かせません。

3つ目は、米や小麦などの穀類には含まれていないビタミンCと、カリウムを豊富に含んでいること。野菜のビタミンCは加熱すると減ってしまいますが、サツマイモはでんぷんで保護されているので損失が少ないのです。カリウムは塩分の取り過ぎを減らし、血圧を下げる働きがあります。

知っているようで知らない焼きいもの健康パワーについて、農学博士の津久井亜紀夫先生に聞きました。

焼きいもの「甘さ」とは？

サツマイモはでんぷんが豊富

からだにとって、とくに重要な栄養素は炭水化物、たんぱく質、脂質の3つです。サツマイモの特徴は、この三大栄養素のうち、たんぱく質、脂質が少なく、炭水化物が豊富なこと。炭水化物には、糖質と食物繊維がありますが、サツマイモの炭水化物は大部分がでんぷんです。

サツマイモのでんぷんを調べるとおもしろいことがわかってきました。でんぷんの量は、産地や肥料の違いではなく、気温、日射量、降水量などの気象条件に大きく左右されるのです。関東ではサツマイモは、7月上旬から9月上旬にかけて地下で大きく太ります。気温が高く、晴れた日の合間にほどよく雨が降った年は、大きなサツマイモがとれますが、気温が低く、曇りや雨の日が多いと、小さなサツマイモができやすくなります。夏の強烈な日差しを浴びながら地上では茎葉を茂らせ、地下で根を大きく太らせるサツマイモは、

津久井亜紀夫

つくいあきお　1940年山梨県生まれ。東京農業大学大学院修士課程修了、農学博士。日本いも類研究会顧問。元東京家政学院短期大学教授および東京農業大学客員教授。『食品学総論』『アントシアニン一食品の色と健康』など共著書多数。

光合成を行う力がもっともすぐれた作物だといわれます。

でんぷん量は大きなサツマイモほど多くなります。サツマイモ100gに含まれる炭水化物量は、生イモ31・5gにたいして、焼きいも39g。焼くことで、生イモに含まれる水分が蒸発し、でんぷんの割合がさらに増加します。

サツマイモを遠赤外線で焼く

サツマイモは、蒸したり煮たりするより、焼きいもにしたほうが甘く感じるのはなぜなのでしょう。

伝統的な石焼きいもは、小石（那智黒石など）を熱し、その上にサツマイモを乗せて焼きます。加熱された小石が放射する「遠赤外線」によって焼く方法です。遠赤外線は熱ではなく、電磁波という電波です。電磁波を四方八方に放射することにより、飛び散った電磁波（遠赤外線）が、サツマイモ表面付近（約1㎜）の深さまで吸収され、表面部分のでんぷんなどの分子が振動し、摩擦熱が発生して熱源となるのです。

赤外線は温度の高い熱源を放射しますが、赤外線の中でも波長の長い遠赤外線が

図1　石焼きいもの加熱のしくみ

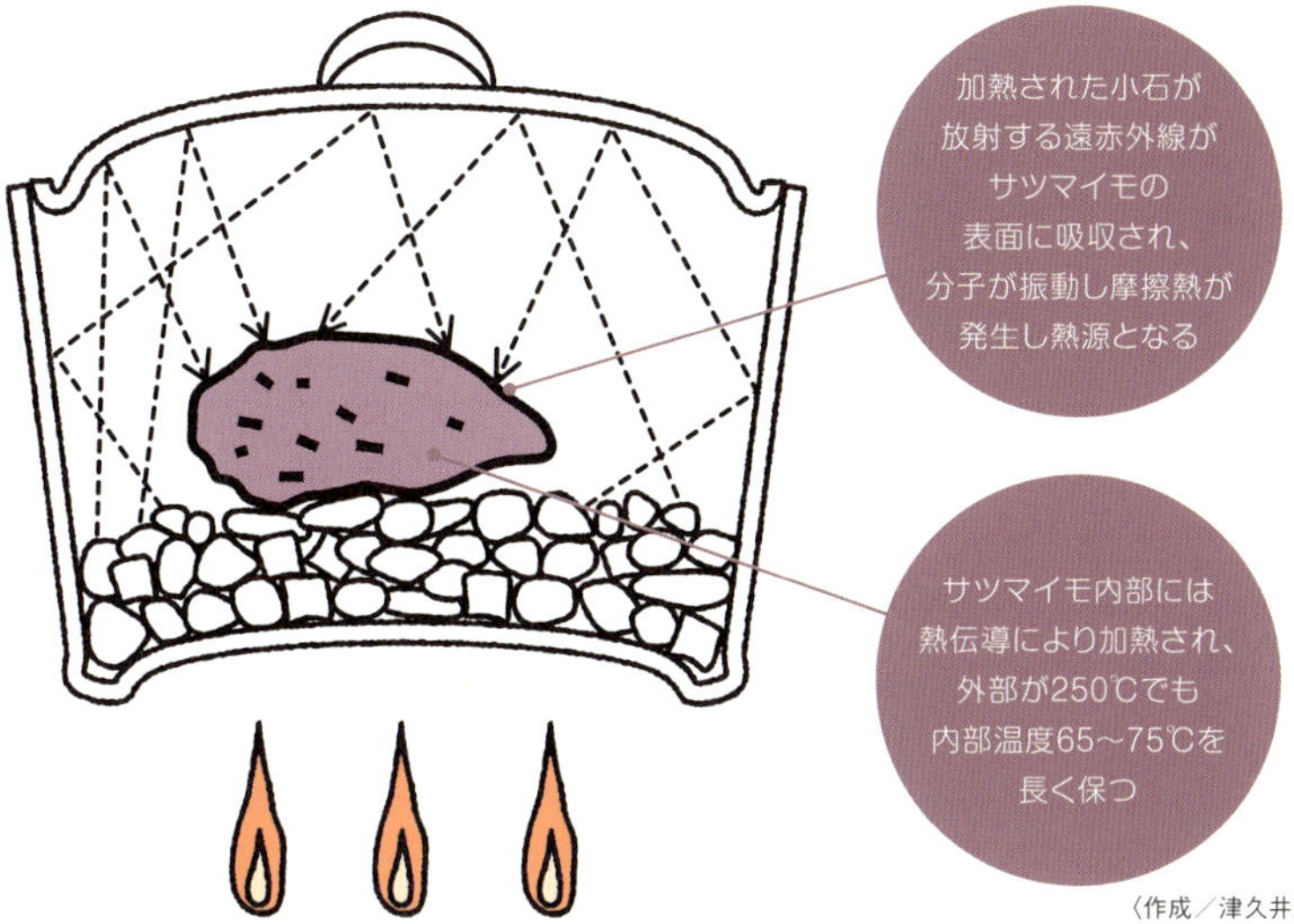
加熱された小石が
放射する遠赤外線が
サツマイモの
表面に吸収され、
分子が振動し摩擦熱が
発生し熱源となる
サツマイモ内部には
熱伝導により加熱され、
外部が250℃でも
内部温度65～75℃を
長く保つ

〈作成／津久井亜紀夫〉

特に効率よく熱に変わり、その熱がサツマイモの内部を壊さずに浸透して、イモの中心部まで比較的均一に伝わるのです。

遠赤外線加熱によって、サツマイモの表面温度はすばやく上昇し、表面の水分が蒸発します。生イモの水分量は平均66％です。蒸したり煮たりした場合の水分量は生イモと変わりませんが、焼く場合は平均58％に減少します。焼くことでイモの表面は乾燥した状態になりますが、内部の水分の蒸発を防いでいるので全体の水分量はあまり減らないのです。外部温度が２５０℃という高温になっても、サツマイモの内部温度は65～75℃を長く保つことにより、甘くおいしい焼きいもができあがります。

サツマイモ（生）の甘さはショ糖

焼きいものおいしさは、どこで感じるのでしょうか。口に入れてかんだ瞬間から？それとも香ばしいにおい？　じつに多様で奥深いのですが、焼きいもの特徴は、甘さと香り、食感でしょう。焼いて甘くなる食べ物は、焼きいものほかには見当たりません。

ではなぜ、甘いのでしょう。

生イモにも甘みがあります。その甘みは大部分がショ糖です。ほかにほんの少量のブドウ糖と果糖が含まれていますが、少量過ぎて甘さにはそれほど影響がありません。この3種類の糖質のうち、ショ糖は、ブドウ糖と果糖が結合した二糖類で、一般に砂糖のことです。サトウキビの茎やテンサイの根に含まれ調味料に使われています。ブドウ糖は、穀類、果物に多く、人の血液にも含まれています。果糖は、果物や果汁、はちみつに多く、冷えると砂糖より甘くなります。

焼くことで甘さが増す

サツマイモは加熱によって麦芽糖（ブドウ糖が2個結合した二糖類）がつくられ、甘さが増します。甘さをつくるには、いもの中での酵素反応が必要になります。

サツマイモを石焼きいも機に入れて温度を上げていくと、遠赤外線の摩擦熱によりゆっくり熱が伝わり、内部の水分の温度が上昇していきます。内部温度が約60℃になると、でんぷんは水を吸収してふくれ、形がくずれて糊《のり》になっていきます。これを糊化《こか》といいます。糊化されたでんぷんは、サツマイモに含まれているβ−アミラーゼという酵素によって、でんぷんの端から加水分解を受け、麦芽糖がつくられて甘さが増していきます。焼きいもの甘さは、ショ糖と麦芽糖の両方によるものです。

ショ糖と麦芽糖は、甘さの度合いが違います。

焼きいものカロリーは、ご飯とほぼ同じです。たとえば、ご飯160g（中ぐらいの茶碗1杯）は、269キロカロリーにたいして、焼きいも160gは261キロカロリーと、ほぼ同じエネルギーです。ところが焼きいもは、食後血糖値の上昇を示す指数（グリセミック・インデックス）が、ご飯より低い値を示し、太りにくいのです。

その理由は、人の消化酵素であるα−アミラーゼの作用を、クロロゲン酸類の働きによって遅らせる効果と食物繊維量の影響が関係しているからです。焼きいもは甘いからエネルギーが高いと考えがちですが、そうではありません。毎日の食事をじょうずに組み合わせれば、ダイエットに向く健康食品なのです。

焼きいもの食べごろの温度は、35℃です。ショ糖の甘さ（甘味度）を1.0とすると、ブドウ糖は0.55、果糖は1.0、麦芽糖は0.35で、甘さがまちまちです。例えば、「高系14号」の生イモには、ブドウ糖と果糖が0・92％、ショ糖が3・91％含まれています。この糖量を甘さに換算すると、ブドウ糖と果糖は0.66％と低く、ショ糖は3.91％と同じなので、生イモは4.57％と比較的甘いといえます。

焼きいもは、ブドウ糖と果糖が0.26％、ショ糖が3.98％、麦芽糖が11.89％、それぞれ含まれています。この糖量を甘さ（甘味度）に換算するとブドウ糖と果糖は0.22％、ショ糖は3.98％、麦芽糖は4.16％になり、焼きいもの甘さは8・36％になるのです。したがって、サツマイモは焼くことにより甘さが増えるのです。品種、貯蔵日数などによっても糖量が異なり、ショ糖の甘さの強い焼きいももあれば、麦芽糖の甘さの強いものもあります。（分析試料は2009年農研機構作物研究所で収穫した高系14号）

図2 生イモ、蒸しいも、焼きいもの糖量

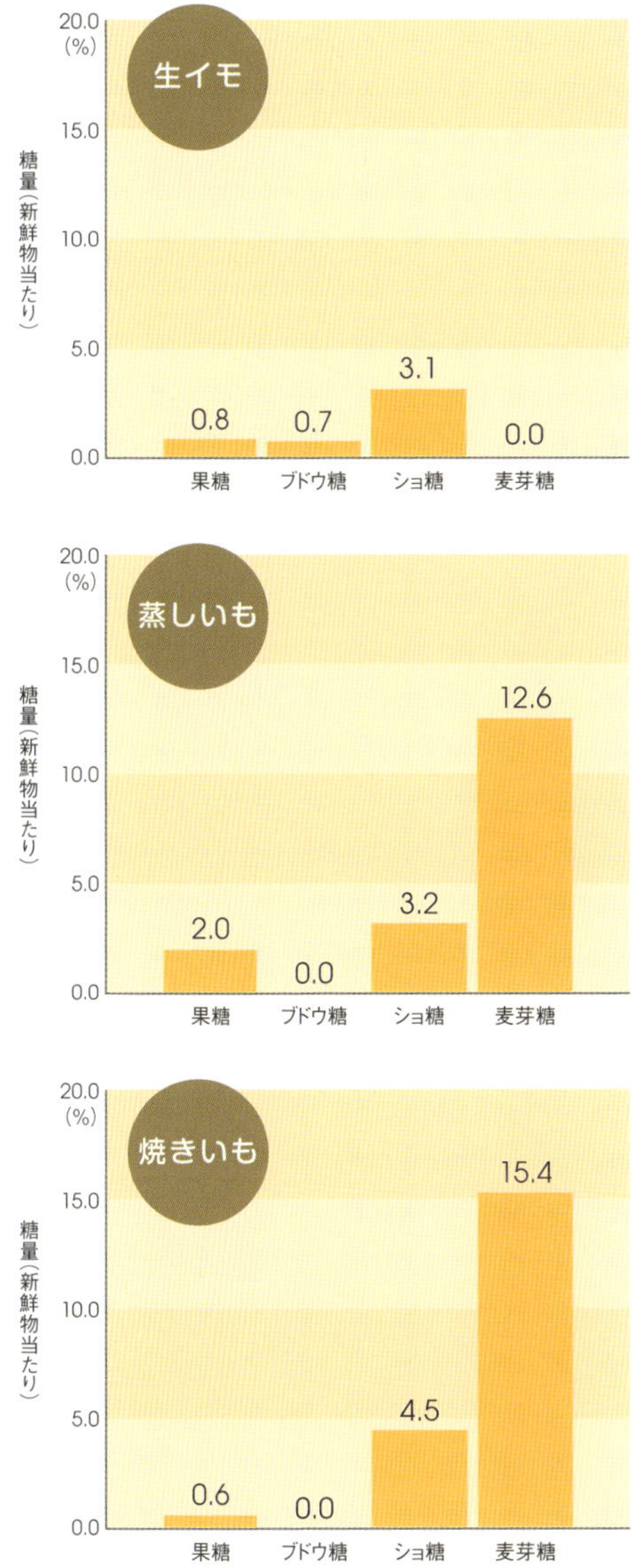

＊分析試料は2003年産の市販のベニアズマ、右頁の記述数字とは別資料
〈作成／津久井亜紀夫〉

食物繊維を上手に摂るには？

サツマイモの食物繊維

サツマイモの食物繊維には、水に溶けないセルロース、ヘミセルロース、リグニンと、水に溶けるペクチンが含まれています。イモ類のなかでも、サツマイモはとくに食物繊維が豊富です。サツマイモの細胞壁は、建築物でたとえれば、マンションの壁や柱にあたる鉄筋やコンクリート部分のような食物繊維で構成されています。これら食物繊維の生理的役割は、体内では善玉菌（ビフィズス菌など）を増やし、さらに大腸のぜんどう運動を活発にし、便秘を解消し、便の量を増やす働きもしてくれること。また、血液中のコレステロールや血糖値をコントロールするなどの働きもあります。

サツマイモを蒸したり焼いたりして加熱すると、人の消化酵素では消化できない「未消化でんぷん」ができます。これをレジスタントスターチといい、食物繊維の働きがあります。焼きいもはより多くの食物繊維を摂取することができるのです。

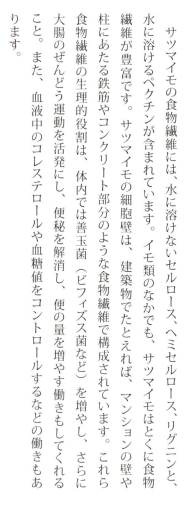

表1《食物繊維量ベスト40》1人1回分の料理食材

No.	食品名	使用量	食物繊維 g
1	焼きいも	160g	5.60
2	菜の花	100g	4.20
3	モロヘイヤ	60g	3.54
4	食パン	120g	2.76
5	納豆	40g	2.68
6	セロリ	10g	2.24
7	ひじき（生）	5g	2.17
8	大豆（水煮缶詰）	30g	2.04
9	えのきだけ	50g	1.95
10	大根	100g	1.90
11	キャベツ	100g	1.80
12	ブロッコリー	60g	1.76
13	しめじ	50g	1.75
14	ゴボウ	30g	1.71
15	春菊	50g	1.60
16	ニガウリ	60g	1.56
17	ナス	70g	1.54
18	サヤインゲン	50g	1.54
19	オクラ	30g	1.50
20	ニラ	50g	1.35
21	三つ葉	50g	1.25
22	カリフラワー	40g	1.16
23	しらたき	50g	1.15
24	ピーマン	50g	1.15
25	サラダ用ホウレンソウ	80g	1.12
26	板こんにゃく	50g	1.10
27	ニンジン	40g	1.08
28	ウド	75g	1.05
29	白菜	80g	1.04
30	冬瓜	80g	1.04
31	グリーンピース	5g	0.98
32	チンゲンサイ	80g	0.96
33	レンコン	45g	0.90
34	レタス	80g	0.88
35	ひじき（乾燥）	2g	0.87
36	干しシイタケ	2g	0.82
37	カブ	50g	0.75
38	グリーンアスパラ	40g	0.72
39	生わかめ	20g	0.72
40	カットわかめ（乾燥）	2g	0.65

＊『糖尿病を治すおいしいバランス献立』（主婦の友社）の食品材料を参考に算出
＊使用量とは1人1回分の平均的な量

〈作成／津久井亜紀夫〉

1日1食は焼きいもを食べよう

では現在の食生活で、焼きいもをどのくらい食べれば食物繊維が足りるでしょうか。

1回の食事に、茶碗1杯のご飯を食べているとします。中ぐらいの茶碗1杯（約160g）の食物繊維量は0・48gですが、ご飯1杯と同じ量の焼きいも160gに含まれる食物繊維量は5・6g。ご飯の11・7倍も摂取することができるのです。

日本人の食事摂取基準（2015年版）の食物繊維量は、一人一日当たり成人（18歳以上70歳未満）男性は20g以上、成人女性は18g以上が目標量とされています。平成24年厚生労働省の国民健康・栄養調査の食物繊維摂取量（男女）は14・2gであり、男女とも目標量を下回っています。

1日3食のうち1食でよいので、ご飯の代わりに焼きいもを160g食べれば、食物繊維を効果

ポリフェノール“クロロゲン酸”とは？

サツマイモを切ってしばらく置くと、切り口が褐色になります。また、蒸してしばらく置くと緑色になります。これは、サツマイモに含まれるクロロゲン酸によって生じたもの。褐色や緑色は、有害な成分ではないので心配いりません。

クロロゲン酸類は、コーヒー豆にも多量に含まれるポリフェノールの1つで、サツマイモ100gには88〜321㎎（平均228㎎）含まれています。これは熱湯で浸出したコーヒー1杯分とほぼ同じ量に相当します。コーヒー豆を焙煎すると、

的に補うことができるのです。

ショ糖とクロロゲン酸から褐色色素がつくられます。焼きいも表皮部分も高熱で焼くことにより、同じような現象が起きていると考えられます。このことから、焼きいもの焦げ臭と、コーヒーのにおいは似ていることが納得できます。
クロロゲン酸類には強い抗酸化作用があり、抗炎症作用、抗ガン作用、血圧の上昇を抑える抗高血圧作用、シミなどの原因になるメラニン色素ができるのを抑える、メラニン生成阻害作用があることなどが最近の研究でわかってきました。

焼きいもは ビタミンCとカリウムが豊富

ビタミンCは強力な抗酸化物質

野菜や果実にはビタミンCが豊富に含まれています。なかでもサツマイモはビタミンCの優れた供給源です。

ビタミンCが欠乏すると、壊血病（体内の各器官におこる出血性の障害）になることはよく知られています。これは、タンパク質であるコラーゲンの〝特異的アミノ酸〟である、ヒドロキシプロリンの割合が少なくなるため、コラーゲンが合成されない病気です。コラーゲンの合成がなくなると細胞間同士の結びつきが弱くなり、血管、皮膚、粘膜などがもろくなり、皮下や歯茎から出血します。壊血病の予防には、1日にビタミンCを6～12㎎摂取するだけでよいので、今日の日本では壊血病の心配はほとんどありません。

ビタミンCは、非常に強力な「抗酸化物質」と

特殊な成分「ヤラピン」に注目

生イモを輪切りにすると、切り口から白い乳液のようなものがにじみ出てきます。これはサツマイモだけに含まれる特殊な成分「ヤラピン」です。

サツマイモ独特のヤラピンは、昔から便秘薬として重宝されてきました。昔の人は経験から、その効果を知っていたのでしょう。そこで現代の便秘気味の女子大生に、1日1食100～200gのサツマイモを1週間食べてもらったところ、便秘がほとんど解消したという調査結果もあります。

ヤラピンは時間がたつと

しても知られています。活性酸素を消去する働きが大きいのです。

活性酸素は、呼吸から取り入れる空気中の酸素にもほんのわずか含まれています。また、体内で食べ物をエネルギーに変化させるとき、一部が酸化力の強い活性酸素を発生します。この活性酸素は体を構成しているタンパク質や脂質、DNAに働き、酸化させてしまいます。ビタミンCは、活性酸素の害を防ぐ役割がある抗酸化作用や心血管系疾患の予防、そのほかにも風邪の予防や心身のストレスをやわらげる効果があります。また、ビタミンCは吸収されにくい鉄をとり込みやすくする働きもあります。

黒ずんできますが、これは共存しているポリフェノールのクロロゲン酸が褐色に変わったためです。このヤラピンの便秘薬としての効果は、サツマイモに豊富に含まれる「食物繊維」との相乗効果により、いっそう便秘の解消が期待できるのです。

焼きいものビタミンC

それではいったいどのくらいのビタミンCを摂ったらよいでしょうか。

日本人の食事摂取基準では、成人男女のビタミンCの推定平均必要量は、1日85㎎なので、これに1・2をかけて推奨量（100㎎／日）を定めています。ビタミンCは水に溶けやすいので、ホウレンソウなどゆでてお浸しなどにすると、半減してしまいます。またミカンやリンゴなどの果物は、貯蔵日数が経過して鮮度が失われてくると減少してきます。

サツマイモのビタミンC量は品種によってまちまちですが、「日本食品標準成分表2010」では、生イモのビタミンC量は29㎎で、焼きいもになると23㎎になっています。減っているように見えますが、加熱しても約79％ものビタミンCが残っているのです。これはサツマイモのでんぷんが加熱により糊化し、膜をつくってビタミンCを包みこみ、保護するために、加熱によっても失われにくいのです。

図3 細胞膜でのナトリウムポンプの模式図

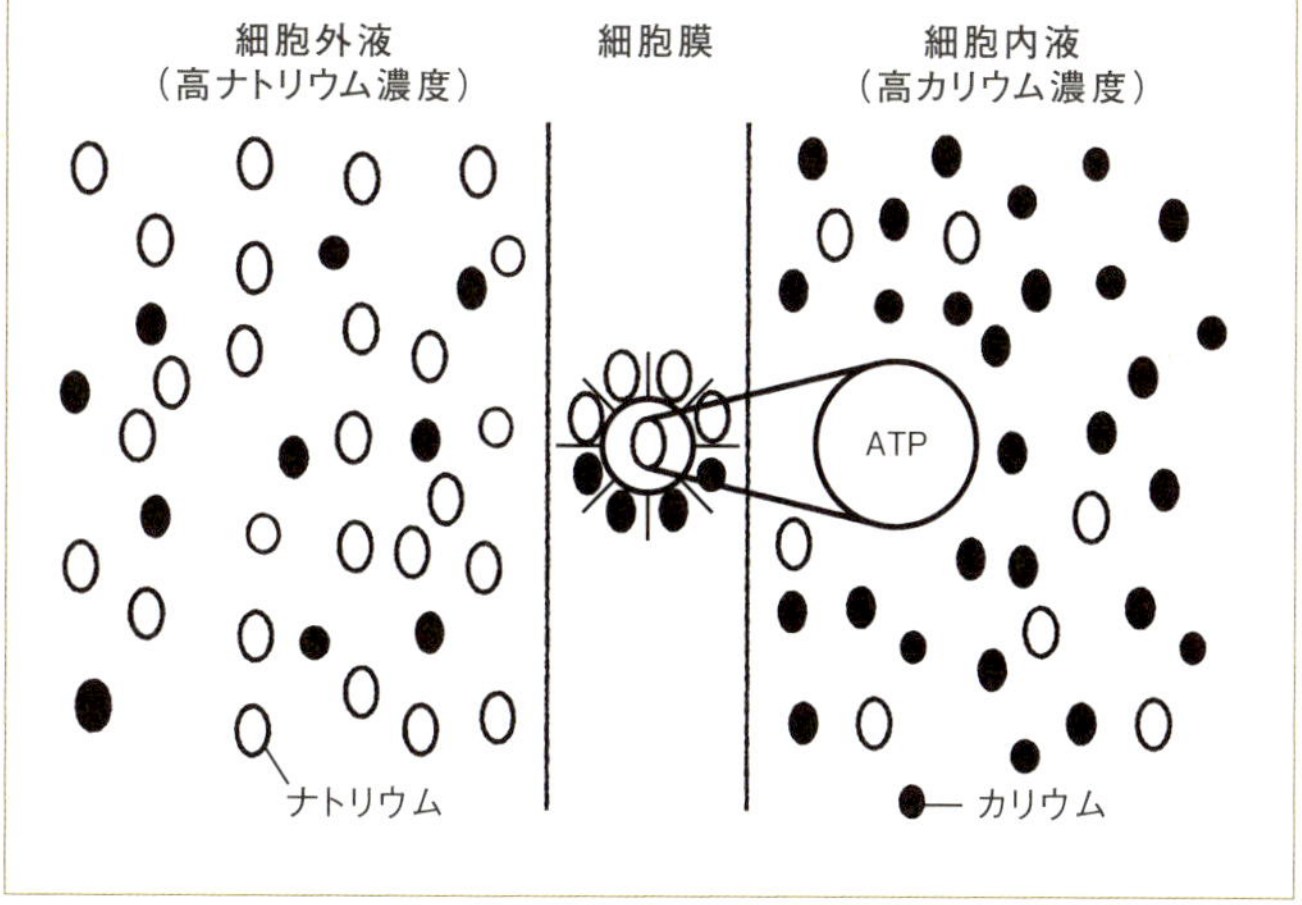

〈作成／津久井亜紀夫〉

上の「ナトリウムポンプの模式図」は、細胞膜をはさんで、「細胞外液」ではナトリウムが多く、カリウムが少なく、「細胞内液」では反対にカリウムが多く、ナトリウムが少ないことを示しています。

細胞膜にあるATPアーゼという酵素は、ナトリウムやカリウムと作用し合いながら、細胞内から供給される「ATP（アデノシン3ーリン酸）という化合物を分解します。このとき放出される高エネルギーにより、ナトリウムを外部にくみ出し、カリウムを内部へくみ入れるはたらきがそなわっていることで、ナトリウムとカリウムの一定のバランスが保たれているのです。

つまり、カリウムを豊富に含むサツマイモなどを摂ると、余分なナトリウムが尿中に排泄されるのです。

通常の食生活では、カリウム欠乏を起こすことはほとんどありません。しかし日本人は諸外国の人に比べて食塩を摂りすぎる傾向があることから、カリウムの働きが重要になってきます。野菜の中でも、焼きいもはカリウム量が多く、100gあたり540mgも含まれています。

カリウムの日本人の食事摂取基準の目安量では、男性は1日あたり2500mg、女性は1日あたり2000mgとされています。現在、成人の平均摂取量は、男性2384mg／日、女性2215mg／日なので、サツマイモを一日の食事に取り入れれば、さらに多くのカリウムを補うことができます。カリウムは摂りすぎの心配はなく、不足するとかえって高血圧や夏バテを招きます。

表2 食品成分表(可食部100gあたり)

食品成分	単位	サツマイモ／生	サツマイモ／蒸し	サツマイモ／焼き	精白米	ジャガイモ／生
廃棄率	%	10	3	10	0	10
エネルギー	kcal	132	131	163	356	76
水分	g	66.1	66.4	58.1	15.5	79.8
たんぱく質	g	1.2	1.2	1.4	6.1	1.6
脂質	g	0.2	0.2	0.2	0.9	0.1
炭水化物	mg	31.5	31.2	39.0	77.1	17.6
ナトリウム	mg	4	4	13	1	1
カリウム	mg	470	490	540	88	410
カルシウム	mg	40	47	34	5	3
リン	mg	46	42	55	94	40
β-カロテン当量	μg	23	27	6	0	Tr
ビタミンC	mg	29	20	23	0	35
食物繊維総量	g	2.3	3.8	3.5	0.5	1.3

(日本食品標準成分表2010より)
〈作成／津久井亜紀夫〉

もっと知りたい食物繊維

健康な腸の決め手は食物繊維

「腸年齢」、聞きなれない言葉です。
腸内に悪玉菌が増えると、腸のトラブル続出。
腸は老化し、腸年齢が高くなります。
最近の研究で、若い人ほど実年齢と腸年齢の開きがあることがわかってきました。
食物繊維たっぷりの焼きいもは、腸年齢の若さを保つ必須アイテム。
腸内細菌研究の第一人者・辨野義己先生に、
健康な腸の決め手になる食物繊維の話を聞きました。

腸のトラブルのもとは?

腸は、食物の消化、吸収、排泄を行う大切な臓器です。それだけではありません。最近の研究で、体内の免疫細胞のうち7割が腸に集中していることがわかってきました。つまり健康のキーポイントは、小腸、大腸、直腸からなる腸なのです。

ところが日本では1980年代半ばから大腸がんで死亡する人が増え続け、2011年の部位別がん死亡数では、男性では3位、女性では1位になっています。潰瘍性大腸炎、大腸ポリープなどの病気も増えています。

その大きな原因は食生活の乱れと運動不足です。運動不足に加えて、食事時間が不規則で、その食事は脂肪、たんぱく質が多いとなると、腸内に内容物が残り、有害な腐敗物質がたまりやすくなるのです。

もう1つの原因は、腸内細菌のバランスがくずれること。1千種類以上もある腸内細菌は、乳酸菌やビフィズス菌などの「善玉菌」、大腸菌やウェルシュ菌などの「悪玉菌」、善玉菌にも悪玉菌にもなる「日和見菌」の3種類があります。理想的な腸内環境は、善玉菌20%、悪玉菌10%、日和見菌70%とされますが、腸内細菌のバランスがくずれ、悪玉菌が増えてくると、腸内腐敗によってつくられた有害物質が吸収されやすくなり、からだの機能が低下してくる。これが腸の健康トラブルのシナリオです。

辨野義己

べんの　よしみ　1948年大阪生まれ。(独)理化学研究所イノベーション推進センター・辨野特別研究室・特別招聘研究員として腸内細菌の研究を行っている。農学博士。『菌活で病気の9割は防げる』『腸をダマせば身体はよくなる』『腸を鍛えれば頭はよくなる』など著書多数。

腸年齢を左右する食物繊維

ところで、あなたは今日うんちが出ましたか？　どんなうんちでしたか？

うんちはからだからの健康レター。においがきつくなく、黄色か黄褐色のうんちが毎日バナナ３本ほど出ているなら、あなたのお腹には、よい腸内細菌がいっぱいいることがわかります。

最近の研究では、乾燥状態のうんち１gには１兆個近い数の腸内細菌がいることがわかってきました。さらに、現代人を悩ませている、肥満、高血圧、心臓病、糖尿病などの生活習慣病にも、腸内細菌が深くかかわっていることがわかってきました。

ヨーグルトや食物繊維には、生活習慣病発症のリスクを軽くする機能があると注目されています。ヨーグルトは、乳酸菌やビフィズス菌を使ってつくられる発酵食品。いっぽう、野菜には食物繊維が多

ラブラブ焼きいもとヨーグルト

牛乳は完全栄養食品といわれます。ヨーグルトは、この牛乳を乳酸菌発酵させた食品。腸内細菌の善玉菌を増やすことで、便秘解消、お肌のトラブル解消、免疫力アップの働きがあります。

いっぽう、食物繊維も腸内で同じようなはたらきをしてくれます。食物繊維を効果的にとることができる食品といえばサツマイモ。そこで、腸内細菌を健康に保つこの2つを組み合わせれば、ダブル効果。不足しがちなビタミン、ミネラルを摂るためにも、焼きいもとヨーグルトは相性抜群。両方を冷

く含まれています。食物繊維を多く含む食品を摂ることは、腸内のビフィズス菌の増殖を促進し、腸内容物を増やすことでお通じを促進し、また、動脈硬化の原因となる悪玉コレステロールが増えるのを抑えます。

第6の栄養素ともいわれる食物繊維には、2つの大きな働きがあります。1つは、胃や小腸では消化されずに大腸まで届くことで、腸内の善玉菌のエサになり、腸内細菌のバランスを整えること。もう1つは、排便をスムーズにすることです。20～30年前までは栄養的価値はないとされていた食物繊維ですが、腸内環境を整えるためになくてならない成分です。

蔵庫に用意しておけば、調理の手間がかからないことからも朝食におすすめです。

ックシート・・・

クを入れてください。

生活習慣に関する質問

- ☐ トイレの時間が決まっていない
- ☐ おならが臭いと言われる
- ☐ タバコをよく吸う
- ☐ 顔色が悪く、老けて見られる
- ☐ 肌荒れや吹き出物が悩みのたね
- ☐ ストレスをいつも感じる
- ☐ 運動不足が気になる
- ☐ 寝つきが悪く、寝不足

食事に関する質問

- ☐ 朝食は食べないことが多い
- ☐ 食事の時間は決めていない
- ☐ 朝食はいつも短時間ですませる
- ☐ 外食は週4回以上
- ☐ 野菜不足だと感じる
- ☐ 肉が大好き
- ☐ 牛乳や乳製品が苦手
- ☐ アルコールをいつも多飲する

腸年齢チェ

該当する項目にチェッ

トイレに関する質問

- □ いきまないと出ないことが多い
- □ 排便後も便が残っている気がする
- □ 便がかたくて出にくい
- □ コロコロした便が出る
- □ ときどき便がゆるくなる
- □ 便の色が黒っぽい
- □ 便が便器の底に沈みがち
- □ 便が臭いと言われる

腸年齢の判定

☑ **4個以下**……腸年齢＝実年齢。腸年齢は若くてバッチリ合格!

☑ **5〜9個**……腸年齢＝実年齢＋10歳。
腸年齢が実年齢より少し上。気を抜かないで。

☑ **10〜14個**…腸年齢＝実年齢＋20歳。
腸年齢はがけっぷち、転げ落ちる寸前です。

☑ **15個以上**…腸年齢＝実年齢＋30歳。即、快腸生活を開始しよう!

(『第1回国際焼き芋交流フォーラム』プログラム・抄録集より)

若い人ほど腸年齢の老化が深刻

自分の腸内細菌のバランスはどうか。「腸年齢チェックテスト」で腸の健康が簡単にわかります。

このテストを受けた20～40代の女性に、専門的な検査を受けてもらい、腸の健康年齢を調べたところ、若い年齢層ほど「腸年齢」と実際の年齢との開きがあることがはっきりしました。20代の女性の腸年齢は、実年齢よりも平均20～25歳も年上、30代は15～20歳年上、40代では10～15歳年上となり、若い人ほど腸年齢の老化が進んでいるというショッキングな結果が出たのです。さらに、うんちを調べたところ、「腸年齢」が高いほど、善玉菌のビフィズス菌が少ないということもわかりました。

さらにこのチェックシートを活用して、東京と大阪の20～60代の女性600人を対象に、腸年齢と健康意識の調査を行った（ヤクルト健康調査　2007年）ところ、肥満の人、ストレスが多い人ほど、腸年齢の老化が進んでいる。反対に腸年齢が若い人ほど腸の健康を気遣い、肥満や肌の悩みが少ないという結果が出ました。

腸年齢の若さを保つために、焼きいもは必須アイテムです。

第5章

もっと楽しむ焼きいも

買うだけでなく、
「つくる」のも楽しい焼きいも。
できたてのアツアツをその場で
ほおばるのもよし、
スイーツやおかずに
アレンジしてもイケる、
ふところの深い食べ物なのです。

焼きいも変身レシピ

焼きいものあれこれがわかったら、実際においしく、楽しく味わってみよう。
スイーツをはじめ、離乳食やお弁当のおかずなど、
焼きいもをアレンジした簡単レシピのほか、
自分で焼きいも作りにもチャレンジ!
焼きいもがもっと好きになるはず。

焼きいもでおやつ! 1

残った焼きいもを
おやつにリメイク。
自然の甘さを活かすため、
なるべく砂糖は控え目に

サツマイモスイーツの代表格
焼きいもで時短&カンタン

スイートポテト

材料 (2人分)

焼きいも ……… 1本
砂糖 ……… 適量
生クリーム ……… 大さじ2
バター ……… 大さじ1
卵黄 ……… 適量

作り方

1… 焼きいもを斜め半分に切り、皮を残して中身をくり抜く。
2… 1をフォークでつぶし、生クリーム、バター、好みの量で砂糖を入れて混ぜる。
3… 絞り出し袋に2を入れ、1の皮に詰めて成形する。
4… 表面に卵黄を塗り、180℃に熱したオーブンで数分焼く。

根岸先生の焼きいもと栄養❶

スポーツの前に焼きいもを

根岸由紀子先生

女子栄養大学栄養科学研究所 教授
栄養学博士としてテレビや講演などで活躍。葉を野菜として利用する新しいサツマイモ「すいおう」を使ったレシピを考案している。焼きいもはねっとり系の安納芋がお気に入り。

試合前の炭水化物補給におすすめ

アスリートが試合前に炭水化物をたくさんとることを「カーボローディング」と呼んでいます。炭水化物は体内で消化吸収後に、運動時のエネルギー源となるグリコーゲンとして筋肉などに蓄えられます。

このグリコーゲンは、栄養素のなかでもいちばんエネルギーに変換されやすい糖質（ブドウ糖）で、筋肉に効率よくエネルギーを供給します。つまり、競技前にグリコーゲンを体内にいかに補給できるかが大切です。カーボローディングとは、グリコーゲンを筋肉に最大級に蓄える食事法なのです。

炭水化物が多く含まれているのは、パスタやうどんなどの小麦製品をはじめ、ご飯、もち、イモ類があります。カーボローディングというと、パスタやうどんなどが頭に浮かびますが、焼きいももじつはおすすめです。いちばんのよさは携帯しやすく、その場ですぐに食べられること。そのうえ満足感があって腹持ちもよいのです。運動前に食べやすい大きさに切った焼きいもを保存容器に入れておくと便利です。

余談ですが、サツマイモの産地で行われるマラソン大会では、飲み物や食べ物を配る給水所で焼きいもが登場することがあります。焼きいもとマラソン？　と思われますが、大会はたいてい寒い時期に行われるので、「焼きいもで手が暖まってうれしい」という参加者の声もあったとか。優しい甘みが体の疲れを癒してくれそうですね。

焼きいもでおやつ！②

アイスクリームや
冷凍パイシートなどを使って、
ヘルシーで簡単な
スイーツにアレンジ

しっとりとした「いもあん」をライスペーパーで包んで

焼きいものアジアンスイーツ

材料（2人分）
焼きいも ……… 1本　はちみつ ……… 適量
ライスペーパー（生春巻きの皮） ……… 6枚程度
チョコレート ……… 適量

作り方
1… 焼きいもは皮をむいて中身をつぶし、はちみつで味を調える。
2… ライスペーパーを水で戻し、1を包む。
3… 2の上に溶かしたチョコレートをかける。

クラッカーにのせてカナッペでも。紅茶や緑茶にもよく合う

焼きいも生クリーム＆シナモン添え

材料（2人分）
焼きいも ……… 1本　生クリーム ……… 50ml
砂糖 ……… 適量
シナモンパウダー ……… 適量
はちみつ ……… 適量

作り方
1… 焼きいもを好みの大きさに切り、電子レンジなどで軽く温める。
2… 生クリームを泡立て、好みで砂糖を入れる。
3… 焼きいもを皿に盛り、2を添えて、好みでシナモンパウダーをふりかける。

焼きいもファンなら大好き！

大学いも

大学いもは、油で揚げたサツマイモに甘いたれをからめた、昔ながらのおやつ。名前の由来は、大正から昭和のはじめに東京の大学生が好んで食べていたことにちなんでいる。ほかにも東大の学生が作って売っていたとか、子供を大学に入れるのと同じくらい手間がかかるなど、その起源は諸説ある。

なかでも有力なのが東京大学の赤門前にあった蒸かしいも屋（かき氷屋ともいわれる）が発祥という説。その頃の下町には、冬は焼きいも、夏はかき氷を売る店があちこちにあったが、焼きいもしか知らなかった町の人たちにとって大学いもの登場はセンセーショナルで、たちまち大評判となったそう。

味付けはバニラアイスで。べにはるかや安納芋でどうぞ

焼きいもパイ

材料（4人分）

焼きいも ……… 1本　冷凍パイシート ……… 2枚
バニラアイスクリーム ……… 大さじ2
シナモン ……… 適量　卵黄 ……… 1個分

作り方

1… 焼きいもは皮を除き、中身をフォークで軽くつぶして、バニラアイスクリームを混ぜる。

2… 冷凍パイシートの1枚の中央に1をのせ、周囲に卵黄をぬり、残りのパイシートをかぶせる。

3… 表面に卵黄をぬり、フォークで数箇所穴を開けておく。180℃に熱したオーブンで、15分焼く。


ねっとり系のべにはるかを使用。バニラアイスを混ぜるだけ！

焼きいもアイス

材料（2人分）

焼きいも ……… 1/2本
カップアイス（バニラ） ……… 1個

作り方

1… 焼きいもは皮をとり、中身を細かく刻む。

2… 冷やした容器に、カップアイスと1を入れて合わせ、冷凍庫で30分ほど冷やす。

3… 2を湯で温めたスプーンで形を整えながら冷やした器に盛り付ける。


今も昔も愛される焼きいもと大学芋は、同じサツマイモから生まれた兄弟同士。兄貴分の焼きいもで、弟の大学芋を作ってみよう。

まずはフライパンでお好みの甘さの蜜を作り、そこにひとくち大に切った焼きいもも入れてからめればできあがり。焼きいもを素揚げすれば、外はカリトロ、中はホクホクの食感が楽しめる。

「おいもやさん」の大学いもとスイートポテト
http://www.oimoyasan.com/

都心を中心に店舗を構える「おいもやさん」は、創業140年を誇る甘藷問屋「川小商店」（P42）が開いたサツマイモ菓子専門店。看板商品の大学いもは、冷やして食べてもおいしい。

インスタントにちょい足し

スープの素やパスタソース缶に追加するだけで、栄養のあるボリュームのある一品に変身!

焼きいも＋ミートソース＋ホワイトソース

2 センチほどの角切にした焼きいもの上に、ミートソースとホワイトソースをのせる。その上にバターを少々落として、180℃に熱したオーブンで 5 分焼く。

焼きいも＋インスタント味噌汁

適当な大きさに切った焼きいもを味噌汁に入れるだけ。刻みネギを添えて、香りよく。

焼きいも＋コーンスープ粉末

ひと口大に切った焼きいもをコーンスープに入れ、スプーンでくずしながら味わえば、クリーミーな口当たりに。

焼きいも＋レトルトカレー

スパイシーなカレーと甘い焼きいものハーモニーが美味。残りもののカレーを使っても。ホワイトシチューともよく合う。

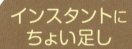

根岸先生の焼きいもと栄養②

お年寄りこそ焼きいもを

高齢者に多い便秘予防に効果的

「昔はホクホクのサツマイモが大好きだったけど、年をとってからはのみ込めないから食べられない」という年配の人たちの声をよく聞きます。安納芋やべにはるかのようにのどごしがよくやわらかい焼きいもが人気を集めているのは、こうしたお年寄りの思いも反映されているかもしれません。

サツマイモはとりわけお年寄りが積極的にとりたい食品のひとつです。いちばんの理由が便秘予防。年齢を重ねていくと、食べる量がだんだん減り、脂っこいものよりもあっさりとした食べ物を自然と好むようになります。さっぱりとした献立もそれはそれでおいしいのですが、適度に油分を含む食事をとらないとお通じが促されません。さらに運動量もしだいに減るため、ますます便秘がちになります。そこで登場するのが、食物繊維の多い焼きいも。腸内の環境を整え、便秘を予防してくれます。

ほかにも嬉しいメリットがあります。お肌のつやを保つビタミンCも豊富に含まれていますが、これには免疫力を高める働きがあり、風邪の予防にも効果的です。いつまでも若々しい腸とお肌、そして健康作りに焼きいもはひと役買ってくれます。

お年寄りには安納芋やべにはるかなどのねっとり系の焼きいもが喜ばれますが、ホクホク系の焼きいもでも、前ページで紹介したように味噌汁やスープに加えると、しっとりとして食べやすくなります。

焼きいもでほっこり、ご飯もの

焼きいもはお米との相性も抜群。
食物繊維やビタミンもアップして、
栄養あるご飯ものに

カルシウム豊富な皮ごといただきます！

焼きいもご飯

材料（6人分）
精白米 ……… 2合
水 ……… 炊飯器の目盛りに合わせる
焼きいも ……… 1本　ごま塩 ……… 適量

作り方
1… 精白米をといで、水に30分浸水させる。
2… 炊飯器に**1**と水を加えて炊く。
3… **2**に食べやすい大きさに切った
焼きいもをさっくりと加える。
器に盛り付けてごま塩をふる。

香ばしいごはんと甘い焼きいもが相性よし

焼きいもチャーハン

材料（1人分）
ご飯 ……… 150g
卵 ……… 1個
ハム ……… 2枚
長ねぎ ……… 5cm
焼きいも ……… 5cm
塩・こしょう ……… 適量
サラダ油 ……… 大さじ1

作り方
1… フライパンにサラダ油を熱し、
溶いた卵を入れてかき混ぜ、
半熟になったら一度卵を取り出す。
2… 刻んだハムと長ねぎをご飯と混ぜる。
3… フライパンに再度サラダ油を熱し、
1の卵と**2**のご飯を入れ、
ご飯がパラパラになるまで炒めたら、
食べやすい大きさに切った
焼きいもを加え、
塩こしょうで味を調える。

根岸先生の焼きいもと栄養③

焼きいもは高エネルギー??

脂質が少なめでビタミン豊富。焼きいもは女性の味方!

焼きいもは炭水化物が多いため、野菜と比べると高エネルギーかもしれませんが、主食として考えるとそれほど高いわけではありません。焼きいも中サイズ(300g)は約489キロカロリーで、女性が1回で食べ切れる½本で計算すると、約245キロカロリーに。これは、ご飯1杯(160g)269キロカロリーとほぼ同じとなります。

炭水化物、たんぱく質、脂質の三大栄養素のうち、もっとも高いエネルギーとなる脂質の量も比べてみましょう。ご飯1杯が0・48gに対し、焼きいも1本は0・6g、半分なら0・3gとごくわずか。さらにビタミン類も比較すると、焼きいも1本のビタミンB_1、B_2、B_6などはご飯1杯分をはるかに上回り、ご飯に含まれないビタミンE、Cなども含んでいます。

つまり、焼きいもはご飯と同じエネルギーになりますが、脂質が少なく、ビタミンが豊富。そのうえ食物繊維も多く、スタイルを気にする女性には嬉しい食べ物です。

しかし、だからといって朝昼晩と3食焼きいもだけを食べる無理なダイエットはやめましょうね。バランスのいい食事が美しさの基本ということをお忘れなく。

ご飯の量を減らしたいときは焼きいもを加えて主食をボリュームアップするなど、毎日の食事に賢く取り入れましょう。

消化が良くなるように皮はとりのぞいて

焼きいも粥

赤ちゃんの離乳食におすすめ

甘い焼きいもは赤ちゃんも大好き。
火が通っているから
お母さんの調理も簡単です

材料（2人分）

焼きいも ……… 1/5本
ご飯 ……… 子供茶碗 1杯
湯またはだし汁 ……… 1カップ

作り方

1… 焼きいもは皮をとり、中身を細かく切る。

2… 鍋にご飯と、湯またはだし汁を入れてやわらかく煮込む。

3… 2に1を加え、火を止める。茶碗に盛り付ける。

ママたちは・・・

焼きいもリゾット

材料（2人分）

ご飯 ……… 150g　ベーコン ……… 2枚
玉ねぎ ……… 1/2個
焼きいも（角切り） ……… 5cm
オリーブオイル ……… 小さじ2
水 ……… 400cc
コンソメ（顆粒） ……… 小さじ1
塩・こしょう ……… 適量
パルメザンチーズ ……… 小さじ2
パセリ ……… 適量

作り方

1… 鍋にオリーブオイルを引き、ベーコン、玉ねぎを切って炒め、水を加える。

2… 1が温まったらコンソメ、塩、こしょうで味を調える。ご飯と焼きいもを入れ3分程度煮る。

3… 仕上げにパルメザンチーズで味を調える。盛り付け時にパセリをのせる。

根岸先生の焼きいもと栄養④

焼きいもは離乳食におすすめ

調理が簡単でお母さんにもうれしい

赤ちゃんの離乳食は、生後5～6か月を目安に始め、13か月ごろに完了します。最初はスプーンひとさじから、お誕生日を迎えるころはやっと子どもご飯茶わん1杯ぐらいと、1回の食事でわずかな量しか食べられないので、そのなかで色々な味を覚えさせてあげたいですね。

調味料をなるべく使わずに、素材のままの味で食べさせてあげることが離乳食の基本。大人と同じように赤ちゃんも甘いものが大好きなので、甘いサツマイモはとくに好んで食べてくれます。やわらかく、つぶしやすいので離乳食に向いており、離乳食の開始から幼児食になるまで大いに活用できます。

最初はつぶした焼きいもを粉ミルクやヨーグルトなどでゆるめて、歯茎で食べ物がつぶせるようになったら細かく刻んで食べさせるといいでしょう。ただし、皮は繊維が多く赤ちゃんの消化に負担をかけるので、離乳食の食べ始めは皮を取り除きます。

「離乳食づくりはたいへん」というお母さんの声を聞きますが、焼きいもならあらかじめ火が通っているので料理も簡単です。そのうえサツマイモのビタミンCは加熱しても失われにくいというのも大きな魅力です。たとえばお母さんの食べた焼きいもをひとくち分残しておけば、皮をむいてフォークで軽くつぶすだけで、あっという間に離乳食のできあがりです。

焼きいもとチーズの甘じょっぱい味がたまらない！

お弁当にもひっぱりだこ

半分はおやつに、
残った半分は翌日の
お弁当のおかずに使える、
焼きいもの賢い活用術！

焼きいものチーズ焼き

材料（2人分）

焼きいも ……… 1本
溶けるチーズ ……… 大さじ2
（溶けるスライスチーズは2枚）

作り方

1… 焼きいもをフォークでつぶすか、荒く刻む。
2… 耐熱皿に1を盛り、溶けるチーズをかけて、170℃に熱したオーブンで数分焼く。

焼きいもごはん（P110）といっしょに2色おにぎり

焼きいもおにぎり バター醤油味

材料（2人分）

ご飯 ……… 400g
焼きいも ……… 1本
バター ……… 20g
醤油 ……… 適量

作り方

1… 温かいご飯にバターと醤油を加えて混ぜる。
2… 一口大に切った焼きいもをさっくりと混ぜ、おにぎりをつくる。

火が通っているから揚げ時間は短めでOK!

焼きいもコロッケ

材料（2人分）

焼きいも ……… 1本
バター ……… 小さじ2
卵黄 ……… 1/2 個
生クリーム ……… 小さじ1
塩 ……… 少々　ナツメグ ……… 少々
小麦粉、とき卵、パン粉、揚げ油
……… 適量

作り方

1… 焼きいもは皮をむき、中身をフォークでつぶす。バター、卵黄、生クリームを入れ、塩とナツメグで味を調える。

2… 1を4つに分けて形を整え、小麦粉、とき卵、パン粉の順で衣をつける。170～180℃に熱した油でキツネ色に揚げる。

マッシュ焼きいもはアレンジ自在！…

やわらかくつぶした焼きいもは、冷凍保存が可能。

しゅうまいや春巻の皮で包んで揚げれば、お弁当のおかずにぴったり!

しゅうまいの皮と餃子の皮で…

材料（2人分）

焼きいも …… 1本　しゅうまいの皮 …… 10枚　餃子の皮 …… 6枚
小麦粉（水溶き） …… 適宜　サラダ油 …… 適宜

作り方

1…焼きいもは皮をむき、中身をフォークでつぶし、好みで塩、コショウで味を調える。

2…1の半分をしゅうまいの皮で包み、真ん中にグリーンピースをのせる。

3…1の残りを餃子の皮にのせ、ふちに水溶き小麦粉を塗って包む。

4…サラダ油を170℃に熱し、さっと揚げる。

春巻の皮で…

材料（2人分）

焼きいも …… 1本　塩・コショウ …… 適量　春巻の皮 …… 4枚程度
小麦粉（水溶き） …… 適宜　サラダ油 …… 適量

作り方

1…焼きいもをマッシュし、塩、こしょうで味を調える。

2…春巻の皮に1をのせ、ふちに水溶き小麦粉を塗って包む。

3…170℃のサラダ油できつね色になるまで揚げる。

家でも焼きいも作れます！

鍋やオーブン、電子レンジなど、キッチンにあるいつもの道具を使って、ホームメイドの焼きいもにチャレンジしましょう。できたてのアツアツを頬張って！

教えてくれた人

片寄眞木子先生

神戸女子短期大学名誉教授・医学博士・管理栄養士。兵庫県尼崎市で昔から作られていたサツマイモ「尼いも」の復活と普及活動も行う。

おいしく焼くコツ【その1】

時間をかけてじっくり加熱

おいしい焼きいも作りの条件は、時間をかけて加熱すること。短時間ではサツマイモのでんぷんを麦芽糖に変えるβ―アミラーゼが働かず、甘みが十分に引き出せません。甘みをつくり出すβ―アミラーゼはイモの内部温度が65～75℃のときに良く働くので、この環境を作るためにイモの外部温度を200～250℃に保ち、30～60分間ゆっくり加熱することで、理想の焼きいもが作れます。

また、秋に収穫したてのサツマイモを使うときは2～3週間寝かせましょう。サツマイモのでんぷんが糖に変化し、甘みがアップします。

野外でつくればおいしさもひとしお！

アウトドアクッキングにもぴったりな焼きいも。屋外のイベントでは、半分に切ったドラム缶が大活躍。1本ずつ濡らした紙で包んだサツマイモをアルミホイルでくるみ、炭火を起こしたドラム缶の火中で上下を返しながら、1時間ほど焼けば完成。片寄先生が応援する尼崎市伝統のサツマイモ「尼いも」の収穫祭では、毎年この方法で作るとか！

ダッチオーブン

小石を使って本格派の石焼きいもに挑戦。時間がかかる分、強い甘みとしっとりとした食感が楽しめる。アウトドアクッキングにもおすすめ。

作り方
（150gのサツマイモ5本目安。
大きい場合は切る）

1… 鍋の7分目の高さまで小石（10インチ鍋で約3kg）を入れ、強火で石を温める。
2… 揚げ物用の温度計で内部温度が150℃になるのを確認したら、小石の半分量をボウルに取り出し、1本ずつアルミホイルでくるんだサツマイモを並べる。
3… 取り出した小石をのせてサツマイモを覆い、ふたをして1時間ほど加熱。下火だけで調理する場合は途中で上下を1、2度返す。

Point
小石の量を減らしてもOK!

小石を3センチほどの厚さに敷いて、途中で上下を返しながら強火で約1時間加熱。焦げ目が少ないがしっとり甘い石焼きいもができあがる。

焼きいも専用鍋（ふた付き）

鉄鋳物製の鍋なら、ガスこんろでも電磁調理器でも使用可能。厚みがあり、熱伝導と保温性に優れるため、熱が均一にいきわたり、むらなく焼ける。

作り方
（150gのサツマイモ4～5本目安。
大きい場合は切る）

1… 鍋に洗ったサツマイモを並べる。
2… ふたをして中火で焼き、15～20分経ったら上下を返す。
3… 加熱後30～40分ほどで、竹串がスッと通ればできあがり。

Point
陶磁器の焼きいも鍋は小石をプラス

陶器と石に伝わる輻射熱により、石焼きいものような香ばしい色と風味に。拾った石は加熱するとはぜることがあるため、ホームセンターやインターネットで安価で手に入る「石焼きいも専用」の小石を使用する。鍋の底に小石を3センチほどの厚さに敷き、火にかけて石が熱くなったら上記と同じ方法で焼き上げる。

オーブンレンジ

「焼きいも」のオートキーなら楽々。「電子レンジ」＋「グリル」のW使いでもおいしく焼ける。最近では電子レンジ専用のサツマイモ品種もお目見え。

作り方
（150g前後のサツマイモ1本）

1… サツマイモをラップフィルム（さらにぬらしたペーパータオルで包んでもいい）で包んで、「生解凍」ボタンで約15分加熱する。

2… ラップを外し、「グリル」ボタンで約20分間焼く。

Point
電子レンジに向く「クイックスイート」

新しいサツマイモの品種・クイックスイート（下）は、でんぷんの糊化温度が他品種より低いため糖化が速く、電子レンジでわずか6〜7分の短時間加熱で甘く仕上がる。

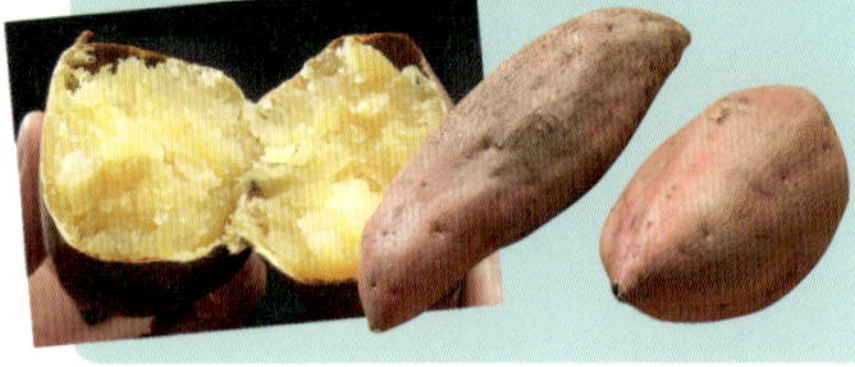

オーブン

食品から蒸発した水分によって、蒸し焼きの状態で加熱できるのが特徴。設定キーを押すだけで簡単に焼きいもが作れるのがうれしい。

作り方
（150〜200gのサツマイモ
4、5本目安）

1… 200〜220℃で予熱したオーブンに洗ったサツマイモを並べる。

2… 約40分間加熱し、竹串で刺してスッと通ればできあがり。

Point
大きい場合は加熱時間を長く

200g以上のサツマイモの場合でも上記と同じ方法で作れる。加熱時間をやや長めにとるか、半分の大きさにカットして焼いてもいい。

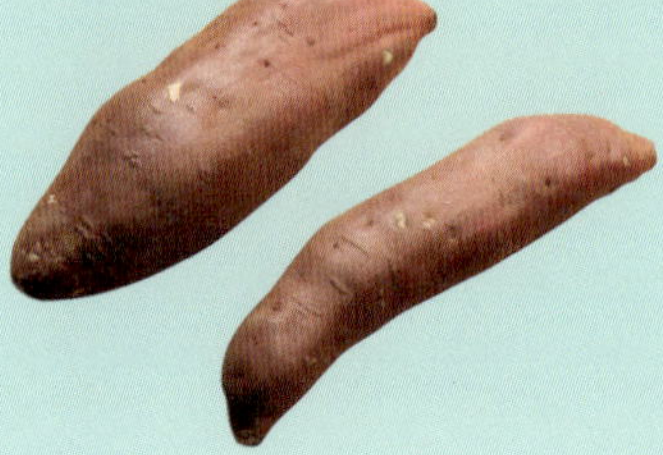

おいしく焼くコツ【その2】

ステンレス鍋や炊飯器でもOK!

前ページで紹介したもの以外にも、ステンレスとアルミの多層鍋もおすすめです。簡単なのでぜひ試してみて下さい。

作り方は、鍋底にアルミホイルを敷いてサツマイモ（小さめがよい）を並べたら、ふたをしっかりしめ、途中で裏表を返しながら弱火で1時間加熱すると、皮の焦げ目が香ばしい焼きいもができあがります。

もっと簡単なのが炊飯器です。約150gのサツマイモ4、5個と水50ミリリットル（大さじ3杯強）を入れ、「炊飯」のボタンを押すだけ。スイッチが切れたら、ご飯のようにしばらく蒸らすのをお忘れなく。こげ目はつきませんが、蒸したものに比べるとより焼きいもに近い味が楽しめます。

古い鍋のエコ活用で、昭和レトロな本格焼きいも

リヤカーや軽トラックで売り歩く石焼きいもを古い鍋で再現。
高温に熱した小石の中でじっくり加熱するのがポイント。

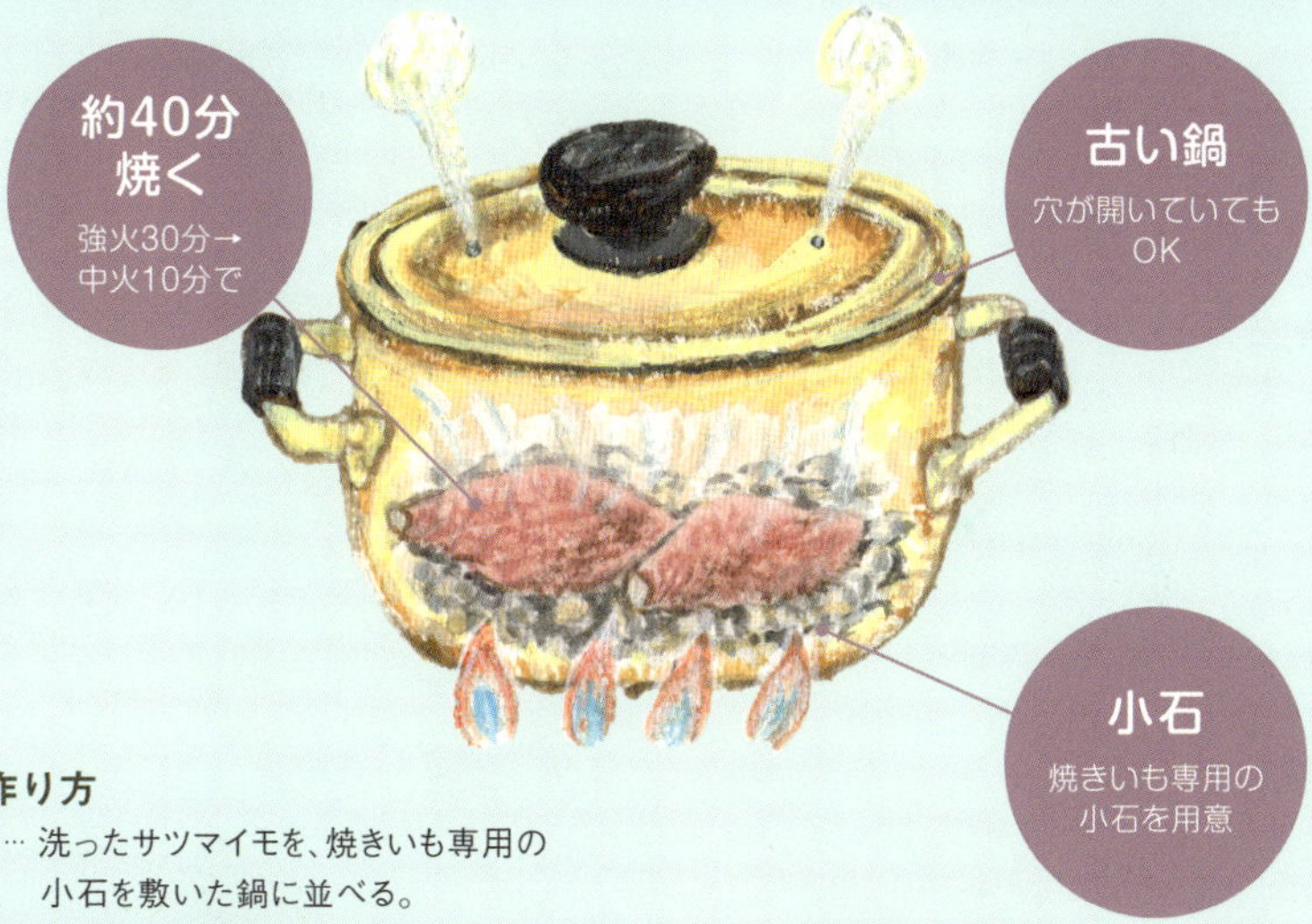

作り方

1… 洗ったサツマイモを、焼きいも専用の小石を敷いた鍋に並べる。

2… 強火で30分間加熱後、サツマイモの上下を返して10分間中火で焼く。竹串がスッと通れば完成。

案・山田英次

サツマイモ・焼きいも年表

1605（慶長10）

沖縄本島の野國村（現・嘉手納町）の野國總管、中国南部・福建省から「蕃藷」を持ち帰り、試作。儀間真常が広める。

1609（慶長14）

薩摩藩、琉球王国に侵攻し服属させる。

1615（元和1）

平戸のイギリス商館長リチャード・コックスがリュウキュウイモを入手し、試作。

1696（元禄9）

宮崎安貞の『農業全書』が完成し、翌年刊行。同書の「蕃藷」の項に、「薩摩、長崎にて琉球芋、また赤芋と云って多くつくると見えたり」とある。

1697（元禄10）

種子島の島主・種子島久基、琉球王より琉球芋を入手し、試作。

1705（宝永2）

薩摩半島の山川町の船乗り・利右衛門、琉球より琉球芋を持ち帰って、試作。その後、これが急速に普及。

1719（享保4）

この年来日した、朝鮮通信使の製述官・申維翰の『海游録』に、京都郊外の焼きいも屋の情景が記される。

江戸に向かう一行が京都から大津へ向かった9月12日のこと、小さな峠を越えたところに、道をはさんで食べ物の店が並び、「それぞれ酒、餅、煎餅、焼きいもを用意して路傍に並べ置き、通行人を待って銭をかせぐ」とある。

1732（享保17）
享保の大飢饉。この年、石見大森銀山領の代官・井戸正明、薩摩よりサツマイモの種イモを入手。
領民に試作させたが失敗し、飢饉対策に間に合わなかった。

1735（享保20）
青木昆陽、江戸でのサツマイモ試作に成功。

1751（寛延4）
南永井村（現・埼玉県所沢市）の名主・吉田弥右衛門、サツマイモの試作に成功。
川越イモのつくり始めとなる。

1789（寛政1）
大坂（現・大阪）の文人・珍古楼なる人のサツマイモ料理集『甘藷百珍』出る。
そのなかに「塩焼きいも」「塩蒸し焼きいも」の2種類の焼きいもが「絶品」として載っている。

1793（寛政5）
江戸に初めての焼きいも屋が現れる。
焼きいもは江戸っ子の人気となり、冬のおやつの定番になった。
最初は「ほうろく」を使ったが、やがて大きな「かまど」に、
鉄の浅い平鍋を置いて焼くようになった。

1868（明治1）
明治維新で世相は一変したが、焼きいも屋の繁盛は続いた。

1923（大正12）
関東大震災の後、焼きいも屋は人気がなくなった。

1929(昭和4)
中国より、焼きいもの「つぼ焼き」が伝わる。

1941(昭和16)
太平洋戦争始まる。

1950(昭和25)
東京に、リヤカーで引き売りする、石焼きいも屋が現れる。

1970(昭和45)
大阪万博を機にファストフード店が急増するとともに、石焼きいもはふるわなくなった。

1987(昭和62)
川越いも友の会が10月13日を「サツマイモの日」と宣言する。

2006(平成18)
スーパーマーケットなどに電気式自動焼きいも器が普及し、新たな焼きいもブームが始まる。

2008(平成20)
「国際いも年」にともない、世界各国および日本各地でイモ類関連のイベントが開かれる。

2011(平成23)
「第一回国際焼き芋交流フォーラム」(11月26日〜27日・女子栄養大学坂戸キャンパス)が開催される。

参考:『第1回国際焼き芋交流フォーラム　プログラム・抄録集』わが国の焼き芋関係年表(作成/井上浩)、
『サツマイモの近代現代史　甘藷問屋川小商店136年の軌跡』日本のサツマイモ年表(作成/狩谷昭男)

参考文献・ホームページ

参考文献

『焼きいも事典』㈶いも類振興会　2014年

『サツマイモ事典』㈶いも類振興会　2010年

『サツマイモの近代現代史
　甘藷問屋川小商店136年の軌跡』狩谷昭男　㈶いも類振興会　2012年

『第1回国際焼き芋交流フォーラム　プログラム・抄録集』　日本いも類研究会　2011年

『焼き芋小百科』焼き芋文化チーム編　川越いも友の会　2005年

『焼き芋の話』JAなめがた甘藷部会連絡会/なめがた農業協同組合　2011年

『食材図典Ⅰ 生鮮食材篇』小学館　1995年

『農家が教えるジャガイモ・サツマイモつくり』農文協編　農文協　2014年

『そだててあそぼう3 サツマイモの絵本』武田英之編　農文協　1997年

『サツマイモと日本人』伊藤章治　PHP研究所　2010年

『体が勝手にやせる食べ方』辨野義己監修　マキノ出版　2012年

「野菜園芸大百科第2版　第12巻　サツマイモ・ジャガイモ」農文協編　農文協

「地域食材大百科第1巻　穀類・いも・豆類・種実」農文協編　農文協

ホームページ

日本いも類研究会「ニュースレター」　http://www.jrt.gr.jp/news/news_index.html

日本いも類研究会「さつまいもMiNi白書」　http://www.jrt.gr.jp/smini/sm_index.html

企画編集者＆協力者

企画編集

日本いも類研究会「焼きいも研究チーム」

焼きいもの魅力を広く探ろうという目的で、2010（平成22）年6月に研究チームが発足。2011年11月に「国際焼き芋交流フォーラム」をはじめて企画開催し、大きな反響を呼んだ。以来、焼きいもやサツマイモに関する専門的な論議を深めるために、年に1～4回の研究会を開催。さらに焼きいもの発展を願い、一般向けの「焼きいも実用本」を企画編集。

井上浩（日本いも類研究会会長／元川越サツマイモ資料館長）

片寄眞木子（神戸女子短期大学名誉教授）

津久井亜紀夫（元東京家政学院短期大学教授）

中澤健雄（研究会事務局長）

根岸由紀子（女子栄養大学教授）

堀尾英弘（研究会前事務局長）

山田英次（研究会幹事／焼きいも研究チーム編集代表／サン文化企画研究所）

[連絡先]日本いも類研究会事務局　URL:http://www.jrt.gr.jp/
（〒107-0052 東京都港区赤坂6-10-41 ヴィップ赤坂303 一般財団法人いも類振興会内）

校閲

甲斐由美（農研機構九州沖縄農業研究センター主任研究員）

高田明子（農研機構作物研究所主任研究員）

山川理（元農研機構九州沖縄農業研究センター所長／山川アグリコンサルツ代表）

取材・執筆

八田尚子

後藤あや子

撮影

倉持正実

鈴木敏夫

イラスト

岡本よしろう

デザイン

TenTen Graphics

取材編集協力 ※敬称略

朝隈一寛（農家／鹿児島県南九州市知覧町）
茨城県行方地域農業改良普及センター（森田有紀・山家慶一・荒井幸一他）
香川雅春（女子栄養大学准教授）
香取市、鎌田照男（トーシン株式会社代表取締役）
工藤育男（有限会社やきいも工藤代表取締役）
小林恭介（東京都新島村ふれあい農園）
齊藤興平（株式会社川小商店会長）
渋谷信行（農家／茨城県行方市小高）
JAなめがた（棚谷保男専務理事、金田富夫園芸流通課長、栗山裕仁他）
鈴木絢子（株式会社エリートレーベル代表取締役）
西山隆央（有限会社なるとや代表取締役）
藤本滋生（フジモト食品研究所所長）
ベーリ・ドゥエル（東京国際大学名誉教授／川越いも友の会会長）
辨野義己（理化学研究所イノベーション推進センター）
三保谷智子（女子栄養大学「香川省三・綾記念展示室」学芸員）
三宅康郎（さつまいもの館鹿児島店）
森園弘（株式会社たるたる亭沖縄取締役会長）
株式会社山形屋鹿児島店
吉元誠（鹿児島女子短期大学教授）　他

おわりに

サツマイモと聞けば、まず一番に言葉に出る食べ物は「焼きいも」です。小さなお子さんから女性・お年寄りまで親しまれ、江戸時代後期の昔から人気のある食べ物です。さらに日本の焼きいも文化は、その国民的な愛着の深さや焼きいも関連菓子類・商品・家庭用専用鍋等のバラエティーさからみても世界一だと言っていいでしょう。

その焼きいもは、ここ一〇年ほどで大きな変化が訪れました。本書でも紹介しているように近くのスーパーマーケット等で、手軽に焼きたてを安定的に買えるようになりました。また品種をみれば、ほくほく系の粉質のものばかりでなく、ねっとり系の粘質のものや、その中間のしっとり系のものも登場し、さらにかなり甘くクリーミーな焼きいもまで売られ、消費者の選択の幅が広がりました。ネット販売では「冷凍焼きいも」も数多く売られています。生産者等の技術的な努力により、一年を通じて夏でも焼きいもが食べられる嬉しい時代となりました。

この本の目的は、より身近になった焼きいもを一般の方々に「焼きいもの基本や魅力を知ってもらうと共に、実際に賢く、上手に食べ、美容や健康的な食生活に役立てて欲しい」という願いから生まれました。とくに食べていただきたいのが、便秘がちな女性や年配の方々です。手軽に買える焼きいもが、その悩みをおいしく解決してくれることでしょう。また、焼きいもに関係する業者の方々にとっても、焼きいもの魅力を情報発信するのに十分役立つ内容となっております。是非手元に置いて、ご商売でも活用していただければと思います。

本書を企画・取材・編集するに当って多くの方々にご協力いただきました。日本いも類研究会の関係者や各地の生産者などの他、農文協プロダクションの鈴木敏夫企画プロデューサー、倉持正実カメラマン、ライターの八田尚子さんと後藤あや子さんに大変お世話になりました。記してお礼申し上げます。

本書のページをめくりながら、焼きいものある食生活を楽しく実践してみてください。一人でも多くの方が、焼きいもファンになっていただければと願っています。

平成二六年十一月三日

日本いも類研究会「焼きいも研究チーム」代表幹事　**山田英次**

焼きいもが、好き!

2015年1月20日　第1刷発行

企画・編集　日本いも類研究会「焼きいも研究チーム」
制作・発行　(株)農文協プロダクション
〒107-0052　東京都港区赤坂7-5-17
Tel.03-3584-0416　Fax.03-3584-0485

発　　売　(一社)農山漁村文化協会
〒107-8668　東京都港区赤坂7-6-1
Tel.03-3585-1141(営業)　Fax.03-3585-3668
振替　00120-3-144478
http://www.ruralnet.or.jp/

ISBN978-4-540-14250-5　　印刷　(株)プロスト
〈検印廃止〉